帕金森定律

徐志晶 著

PARKINSON'S LAW

古吴轩出版社

中国·苏州

图书在版编目（CIP）数据

帕金森定律 / 徐志晶著 . — 苏州 : 古吴轩出版社,
2019.6
ISBN 978-7-5546-1367-2

Ⅰ . ①帕… Ⅱ . ①徐… Ⅲ . ①心理学—通俗读物
Ⅳ . ① B84-49

中国版本图书馆 CIP 数据核字（2019）第 088595 号

责任编辑：蒋丽华
见习编辑：顾　熙
策　　划：冀海波　辜香倍
装帧设计：VIOLET

书　　名：帕金森定律
著　　者：徐志晶
出版发行：古吴轩出版社
　　　　　　地址：苏州市十梓街458号　　　　邮编：215006
　　　　　　Http：//www.guwuxuancbs.com　　E-mail：gwxcbs@126.com
　　　　　　电话：0512-65233679　　　　　　传真：0512-65220750
出 版 人：钱经纬
经　　销：新华书店
印　　刷：天津旭非印刷有限公司
开　　本：880×1230 1/32
印　　张：7.5
版　　次：2019年6月第1版　第1次印刷
书　　号：ISBN 978-7-5546-1367-2
定　　价：39.80元

如发现印装质量问题，影响阅读，请与印刷厂联系调换。022-22520876

序：帕金森定律的生存怪圈

　　作为一名企业经营者，你是否有过员工人数越多，其工作效率越低，公司效益越差的困惑？你是否遇到过高层管理人员在决策时，互相推诿，避重就轻，让决策无法获得统一的情况？你是否有过面对一个前景很看好的项目，却缺乏一支令人放心的团队的无力感？……

　　作为一名中层管理人员，你是否充满了对人才的渴望，却又担心下属超越自己，让自己沦落到"教会徒弟，饿死师傅"的地步？你是否有过面对企业利益和个人利益冲突时，无比纠结，不知如何选择的痛苦？你是否陷入过苦于不良的人际关系，缺乏人脉，让工作不好开展的困局？……

作为一名时间不够用者，你是否发现自己周围最忙的人时间竟然比你充裕？你是否发现自己的时间往往在不经意间消失殆尽？你是否意识到时间流逝的原因是自己无限的拖延和不能科学地规划时间？……

作为一名职场新人，你是否感觉自己在办公室处于边缘人的境地，与其他人格格不入？你是否错信他人，随意评判别人，让自己陷入尴尬的境地？你是否发现学会与人分享和合作，找到与拥有不同特质的上司的相处之道，可以让自己的职业生涯风生水起？……

作为一名普通人，你是否有过因为错误的选择而至今想起来仍后悔不已的时候？你是否有过因为他人的过错而不断地惩罚自己的时候？你是否有过因为规划得好，得意于自己当下的收获的时候？……

作为孩子的父母，你是否有在孩子表达自己的看法或为自己辩解的时候，大声命令他闭嘴的行为？你是否能心平气和地与孩子就问题展开讨论，让孩子自己做出选择？你是否在发现孩子的坏行为或坏习惯时，巧妙引导，生动设喻，让孩子于会心一笑中，不好意思地意识到自己的问题？……

其实这些现象，都跑不出帕金森定律的重围。这一被称为"官场病""组织麻痹病"或者"大企业病"的心理学定律,用深厚的内涵,道出人世间的百态,让不同身份或职业的人,学会换个角度看问题,找到自己身上存在的问题,思考解决问题的方案,进而突破这一重围,让自己的生活或事业渐入佳境。

鉴于太多的人身陷帕金森定律的重围而不得出,本书从企业管理、职场法则、个人提升、家庭教育等方面,选取最典型的现实事例,深入剖析陷入不同困境的人在其中的表现,并告诉大家该如何突破重围,重获新生。

全书以帕金森定律为核心,同时又超越这一定律,让读者在轻松的阅读和深刻的思考过程中,发现人与事中存在的现象和定律,进而在生活和工作中克服那些阻碍自己前进的思维,获得长足进步,轻松面对人生中的诸多问题,成为人生赢家。

目　录

第一章　戳穿旧常态

帕金森定律之陷阱

第二章　为什么每个公司都有闲人

帕金森定律之管理法则

第三章　为什么你有能力却从未升职

帕金森定律之领导力法则

第四章　为什么该做的事总是无法完成

帕金森定律之时间法则

第五章　为什么同事总是排斥你

帕金森定律之做事法则

第六章　为什么你很忙却进步缓慢

帕金森定律之生存法则

第七章　为什么你的孩子总是不听话

帕金森定律之教育法则

第一章

戳穿旧常态

帕金森定律之陷阱

权力危机感下的帕金森定律

　　帕金森定律也称"官场病""组织麻痹病"或者"大企业病"，是官僚主义或官僚主义现象的一种别称，被称为20世纪西方文化三大发现之一。这一定律源于英国著名历史学家诺斯古德·帕金森1958年出版的《帕金森定律》一书。

　　1929年，诺斯古德·帕金森进入英国剑桥大学伊曼纽尔学院学习文学，取得文学学士的学位后，进入伦敦大学的国王学院学习历史学。或许是深受英国高度重视海军的传统的影响，帕金森对海军历史格外感兴趣，由此开始了对海军的研究。第二次世界大战期间，他先后在海军、空军、陆军和军事培训部门担任过一系列职务，对于管理有了一定的认识，并由此积累了一定的素材。第二次世界大战后，他开始从事教学和写作工作，并于1958年出版了《帕金森定律》一书，在书中采用杂文调侃式的语句提出了帕金森定律。

在书中，帕金森结合自己的生活经验，分析了机构人员膨胀的原因及后果：一个不称职的官员，可能有三条出路。第一条是申请退职，把位子让给能干的人；第二条是让一位能干的人来协助自己工作；第三条是任用两个水平比自己更低的人当助手。当然了，第一条路是万万走不得的，因为那样会丧失许多权力；第二条路也不能走，因为那个能干的人会成为自己的对手；看来只有第三条路最适宜。于是，两个平庸的助手分担了他的工作，而其本人则高高在上地发号施令。结果两个助手不但无能，而且本着上行下效的工作宗旨，为自己再找了两个无能的助手。就这样依此类推，最终形成了一个机构臃肿、人浮于事、相互扯皮、效率低下的领导体系。

在这一过程中，整个领导体系自上而下是由一级比一级更无能的庸人构成的，众多庸人形成了一个臃肿的庞大管理机构。

其实，这一定律的实质就是告诉人们，倘若换一种眼光看事物，那么现实中的诸多不合情理的现象就可以获得新的解释。回到我们的现实生活中，这一定律也具有相当广泛的实际指导意义。

首先，从管理学的角度出发，帕金森定律的本质是道出了权力的危机感是产生帕金森现象的根源。要想解决帕金森定律中出现的问题，就必须建立起一个公正、公开、平等、科学、合理的用人制度。管理实践证明，一个善于发现人才、科学用人的管理者可以对企业进行科学管理，从而提升下属的工作效率；反之，一个不称职的管理者则会造成管理机构的过分庞杂和过多的冗员，进而会导致庸人占据着高位的现象出现，从而使得整个管理系统陷入恶性膨胀，企业被拖入泥潭。

因此，管理者要善于用科学的方法管理公司，充分发挥下属的工作积极性，培养下属的团队精神，科学任用人才，激发下属的工作热情，使人人发挥主动性，进而不断提升工作效率；管理者还要善于发现人才，敢于重用人才，而不是只用比自己能力低的人。否则，企业的管理必然会形成恶性循环，使工作效率每况愈下；管理者不仅要独具慧眼，能够发现人才、重用人才，还要有容人之量，敢于起用比自己能力强的人……总之，要想打造卓越企业，就需要具有杰出领导力的管理者。只有这样，企业才能人才辈出，不断取得进步，进而获得成功。

其次，从个人管理角度，帕金森定律指出了如何成为高效能人士，如何在职场和生活中不断精进，成为厉害的人。这其中包括一个人要学会珍惜时间，合理利用时间，不拖延做事，增强时间观念，进而在做事时达到事半功倍的效果；一个人在做事时，要善于利用关键链法，确认工作进度，克服帕金森定律，使自己成为高效能人士；一个人要认清自己，发现自己所长和所短，培养自己能力的同时，提升个人素养，让自己以宽容的心胸容人纳事，进而乐活人生。

关于个人管理，我在日常生活中经常发现，做同一件事，不同的人所耗费的时间差别非常大。比如甲是一位高效能人士，乙是一个不善于管理时间的人。甲可以在十分钟内做好一顿早餐，乙则需要一个小时才能做完一顿早餐；甲可以用二十分钟写好一封电子邮件，乙则要花费足足一天的时间才能写完一封电子邮件；在工作中，倘若时间紧迫，甲一个人可以同时处理好几件事，乙在同样的时间里却只能做一件事。

　　这些现象让我获得的启示是，决定着一个人做事效率的并非时间，而是这个人对事件所处形势的认知、对事件的重视程度，以及做事的习惯和方法。

　　此外，帕金森定律还从家庭教育的角度提醒我们，要培养孩子良好的人格和个性，就要注意培养孩子良好的习惯，给予孩子足够的尊重，而不是打造一个"完美"的孩子，要正确地沟通而不是强制地提出要求……唯有如此，才能培养孩子健康的人格和良好的个性。

帕金森定律陷阱：人浮于事

帕金森定律之人浮于事：大企业中存在着复杂的利益关系，懂得管理要义的人越来越少，不懂经营管理之道的人越来越多，进而造成管理无效，下属工作效率低下。于是，一些大企业不得不设立核心决策委员会或核心决策团体。

我认为，这一定律从侧面反映了相当多的无效管理是由于管理者不清楚管理的要义，因此造成下属的工作效率低下。那么管理的要义是什么？高明的管理者应该怎样管理，方能提升自己的管理效率和下属的工作效率呢？在我看来，学会科学"瘦身"是提升管理效率的要义之一。

本是一名出色的管理者，他管理的某知名企业在国内享有盛誉，近几年正在积极拓展国外市场。让很多人佩服的是，本具有超人的精力和热情。同样一天24小时，他一方面可以将工作处理得相当出色，另一方面可以让自己的生活丰富多彩。面对朋友们或赞或叹的表情，本总是笑着说自己的这种本领也是在失败中一点一点习得的。

14年前，当本第一次坐在企业管理者的椅子上时，他满脑子想的都是如何给自己做加法，比如怎样让下面的队伍更壮大，怎样让自己拥有更多的号召力、话语权。然而到了今天，虽然本还是坐在那把椅子上，不过他想得最多的却是怎样为自己做减法，怎样让企业向着更加精准的道路发展，怎样砍掉不必要的部门，怎样更好地放权……

说到这里，本由衷地说，自己也曾与大部分企业领导人一样，经常抱怨自己"太累"，下属"太闲"，感觉"公司里所有问题都需要我解决"。不过如今想想，其实这一切都是自找的。自己和相当多的管理者一样，明知道所有的事情不可能靠一己之力完成，但又害怕结果不够好，因此事必躬亲，追究所有细节，结果是自己身体出了状况，婚姻亮了红灯，下属做事拖延，工作效率低。

后来，本痛定思痛，不断学习，查找原因，终于意识到自己的问题出在管得太多，不会放权。这种管理思想最终导致自己的负担过重，下属的能力无法提升。

在现实的企业管理中，有很多管理者总是过分地追求忙碌，似乎只有忙起来，并忙到不可开交的程度，生活才会充实，企业才会好，自己心里才会踏实。当然，我们必须承认，"勤劳致富""天上不会掉馅饼"的理论是正确的。但要注意的是，勤劳并非等同于忙碌。相当多的事实表明，企业中不能全是忙人，因为"忙"会带来"乱"，而"乱"则会导致效率低下。人在忙的时候，往往容易注意力过于集中，视野由此变窄，就会出现只知道埋头拉车而不知道抬头看路的现象。如此一来就极易忽略掉大局以及各种事物之间的匹配关系，进而造成大量资源的浪费和无效劳动的产生。因此，企业里的"闲人"实际上相当重要，因为他们站在比劳动者更高的角度静静地观察与思考，协调各种事物的关系，进而确保大局的平稳。就其工作效率而言，这种"闲人"的效率远胜于十个"忙人"的效率。而这正是管理者的本职工作。

同时，心理学研究还发现，如果一个领导者在管理上不能够放权，实际上就代表了他不具备足够的信心，不相信他的处世哲学和企业文化能影响他所授权的管理者，使管理者按照他的意图来处理问题。长此以往就会像帕金森定律中所说的那样，企业中懂管理的下属越来越少，无论事情大小，下属总要请示领导，领导凡事都要下指令。倘若领导不够高明，自然无法带出更加高明的下属，结果就是下属的能力不强，成了执行领导指令的机器人，其个人价值无法得到发挥。最终导致领导很辛苦，员工很委屈，企业人浮于事。

W是某企业的老板，他经常气愤地向身边的朋友抱怨自己的员工都是懒蛋，执行力极差，自己要处理公司所有的事情。最初，大家对W深表同情。不过时间一长，大家都慢慢地发现了其中的缘由。原来，W对手下的员工极度缺乏信任，总觉得手下人会占他的便宜，所以，他在工作安排下去后，总是特别不放心，一定要自己掌握事情的所有细节。于是他的下属无论做什么，就算是一件小事、一小步都要向W请示，得到W的首肯后才敢继续下去。结果，慢慢地就没人敢大胆、主动地做事了，原因是做得再多也没用，W一句话就得推倒重来，纯粹出力不讨好。最终W的公司就出现了这样的局面：员工们被迫无所事事，W却忙得脑门子冒汗，头脑发晕。要知道，一个人哪能兼顾那么多事情呢！结果，相当多的事情，哪怕是W自己曾经交代、指导过的事，也被他忘到脑后了。最终很多事情都成了"烂尾楼"，干耗时间不出成果，而员工则招来W的一通臭骂："你们都是吃素的吗？养你们有什么用？"

相反，聪明的管理者懂得放权于下属。他们一方面让自己从繁杂的日常事务性工作中解放出来，把精力集中到战略发展、对外关系的开拓上，正确利用部署和管理的力量，引导下属发挥团队协作精神；另一方面让下属获得被肯定感和被认可感，而这正是马斯洛在其需求层次理论中强调的人的最重要的自我实现需要。如此一来，管理者的工作变得更加轻松，员工的心理获得满足，其能力也得到发展。

总之，在一个企业中领导者要学会"瘦身"、放权，这也是杰出的企业家杰克•韦尔奇所说的"管得少就是管得好"的要义所在，更是帕金森定律提醒我们的一个重要的内容：管理者要学会科学放权，在满足下属心理需要的同时，让下属获得自我价值感，这样才能避免出现无效率系数定律。

帕金森定律陷阱：追求完美

帕金森定律之办公楼定律：办公场合的豪华程度与企业的发展速度和员工的工作效率成反比，事业处于成长期的企业一般没有足够的兴趣和时间设计完美无缺的总部。所以，"设计完美乃凋零的象征""完美就是结局，结局就是死亡"。

这一定律从表面上看，虽然谈的是企业管理中办公场合的豪华程度与企业的发展速度和员工的工作效率呈反比，但它同时也提醒我们"完美就是结局，结局就是死亡"。因此，过分追求完美，会影响自己的人际关系，给自己带来诸多困扰，减少生活的幸福与快乐。

乔恩和吉卡刚刚过完结婚二十周年纪念日。对于这对夫妻，周围的亲朋好友都感叹他们之间的感情二十年如一日。纵然历经二十年的岁月，双方的容颜已经苍老，但他们的感情却历久弥新。闺蜜们聚到一起，看着乔恩容光焕发的样子，都不住追问她保持感情新鲜感的秘诀。乔恩笑着说，其实没什么秘诀，只是双方相互欣赏，一如初恋。

二十年前，乔恩和吉卡在机场相识，此后两人陷入热恋。美丽的乔恩是一名药剂师，吉卡则是一名推销员。他们相约每次在一块时都要夸一夸对方，肯定对方的优点。就这样，从开始的"你今天穿这条裙子太漂亮了""这道菜你做得太美味了"到"亲爱的，这件事处理得真棒""那么严肃的老师，你都将她逗笑了，太厉害了"……在相互陪伴的二十年中，他们共同度过了事业的拼搏期，共同努力养育了两个优秀的孩子，其间虽然也有过分歧和争论，但更多的是相互欣赏和肯定。

说到这里，乔恩感叹说，能欣赏对方，发现对方身上的美好，真是太重要了。倘若自己不是和吉卡在最初约定好了，并在以后的岁月中努力发现并肯定对方的优点，直至形成习惯，说不定早在七年之痒的时候，两人就分手了。

要知道，那可是他们最灰暗的一段时期，一方面是吉卡失业，另一方面是大儿子出生。但就算是极度困窘的那段时期，因为总能发现对方的优点和长处，因为总能从对方那里收获肯定和赞美，于是生活变得轻松起来，日子也就变得越来越美好。

心理学相关研究表明，过度追求完美是一种病态心理，不利于身心健康。这种病态心理一方面会给身边的人造成压力，使人际关系紧张，难以形成亲密关系；另一方面会引发焦虑和抑郁，从而使人罹患疾病。

麦柯毕业于常春藤联盟大学，并作为应届毕业生被招入某大公司。他的能力超强，做任何事情都手脚麻利、干劲十足，而且领会上级的意思也特别快，让人感觉他无论接受什么任务，都能做得非常不错。

麦柯在生活中有一个习惯，就是总喜欢把自己的办公桌整理得非常整洁。在他的办公桌上，除了一个相框和几个文件夹，几乎再没有其他任何东西。一次，一位同事捧着咖啡路过他的办公桌，不小心溅出一些，洒在了他的桌子上。麦柯非常生气，责令那个同事不要再做这样的蠢事。这让那位同事相当尴尬，周围的同事也对他颇多微词。从此之后，同事们都对他敬而远之。

　　社会心理学研究表明，过于追求完美主义，其实是一种偏向低幼化的二元向心理状态。就如同小孩子总是认为世界上只有善恶两面，东西只有好坏两个属性，看到好吃的零食要么想全部占为己有，要么就赌气一个也不要。这样的思维方式往往会让完美主义者很难接受微小的人生失败，因为在他们看来，人生应该是一帆风顺的。当出现挫折时，他们的挫败感要比普通人的强烈得多。

　　那么，过度追求完美具体包括哪些类型呢？加拿大不列颠哥伦比亚大学心理学家保罗·休伊特和加拿大多伦多约克大学的心理学教授戈登·弗莱特经过多年的研究发现，过度追求完美的人有不同的表现形式，但无论是何种形式，过度追求完美的人均会产生这样或那样的健康问题，譬如沮丧、焦虑、饮食紊乱等。

　　一般来说，过度追求完美包括三种类型。一是给自己设定远大目标，并努力达到。他们过高地要求自己，因此极易陷入自我批判的情绪中，易引发沮丧情绪，遭受失望的重挫。二是总以为别人对自己心存更高期望，于是为之不断努力，结果极度害怕失败和得到他人的不良评价，因此不敢尝试新鲜事物，不敢拒绝他人的不合理或者不公平的要求，尽量在他人面前表现得完美，一切问题自己来扛，默默地自我调节悲伤或者愤怒的情绪，因此易出现饮食紊乱，甚至产生自杀的想法。三是对其他人高标准、严要求，强行要求他人十全十美，结果往往造成人际关系紧张，婚姻失败。

在现实生活中，相当多的在亲密关系中出现的互相挑剔的现象，其实在极大的程度上都是由于过于追求完美，从而让自己失去了发现身边的人和事的美好之处的慧眼，最终让自己和他人陷于痛苦之中。

作为职场"白骨精"，乔乔在工作上精益求精、追求完美，获得了上司的赏识和老板的喜欢。然而，她的这种做事方式在处理人际关系时却屡遭滑铁卢。因为过于追求完美，她换了好几次室友，最终只能自己一个人租房子住。当然，工资高了后，这不是问题。但问题是，她不得不承受着孤独和寂寞。也是因为这种个性，她先后处了几个男朋友，却因嫌弃对方不是存在这个问题，就是存在那个问题，最终都不欢而散。

其实，乔乔的问题就在于她在为人处事上陷入了帕金森定律中的办公楼定律，对周围的人和事过于追求完美，而不是努力练就一双慧眼，发现身边人和事的美好。

　　当然，现实生活中像麦柯和乔乔这样的人并不少见，比如有的人在下棋时，因为走错了一步，要么懊恼无比地吵着要悔棋，要么心灰意冷地早早认输，负面情绪蔓延……如果这种过于追求完美的思维方式长期发展下去，就会让一个人变得极其自私狭隘，过分重视一些旁枝末节，进而严重影响自己的人际关系和个人发展。

帕金森定律陷阱：抓小放大

帕金森定律之鸡毛蒜皮定律：这一定律强调了管理层在管理过程中过多地关注无关紧要的小事而忽略了重要的事务，最终的结果就是空耗时间和精力，影响关键问题的解决。此类情况在我们的生活中可谓比比皆是。我本人就有过深刻的体验。

我是典型的吃多动少、脂肪过剩一族，于是在春节过后开始思考减肥大计，立志要瘦成一道闪电。为此，节后我尽管心疼不已，但仍办了健身卡，请了私教。虽然很心疼，但一想到减肥大计，我瞬间能量满满。

从此以后，我开始了每周三到四次，每次两个小时的减肥大计，巴不得自己所有的时间都用来做这件事情，其他任何事均得给此项大计让步。然而一个月后检验成果时，我傻眼了，体重不但没减，反而增加了一公斤！气恨之余，我内心的委屈翻腾滚涌，于是和教练分析因果，何以我如此努力都没有效果。

结果教练指出：一是我所谓的在健身房锻炼两个小时，就是一会儿回一下信息，一会儿发一条微信朋友圈状态，最终导致有效锻炼时间不足三十分钟；二是锻炼后自我抚慰工作做得相当踏实有效，比如时不时吃个冰激凌，导致热量摄入增加。

再深入分析一下，实际上，当我踏入健身房开始减肥大计时，内心深处就存在着这样的想法：只要想要，只要努力，只要踏入健身房，只要坚持两个小时，那减肥大业肯定能完成。这的确是不错的想法，不过由于我做了相当多无效的努力，比如上文所说有效锻炼时间很少，摄入热量大幅度增加，结果令这一大业付诸东流。由此可见，科学地解决问题的关键在于要充分认识到何为无效努力，让自己不再关注办健身卡的花费、每周锻炼多少次等，而是踏踏实实地增加有效减脂时间，调节饮食结构，减少热量摄入，并将"努力"二字深嵌在自己的灵魂中，从问题的根本入手，如此方能不浪费时间和精力，真正解决问题。

减肥虽是一件小事，但却折射出了关键问题，即俗话所说的"好钢用在刀刃上"。做事一定要抓住关键，才能从根本上解决问题。

狼是一种令人敬畏的群体生活的动物，它们在战斗中一旦发起攻击，会很快解决问题，其原因就在于它们极善于攻击对方的要害部位。

一家核电厂在运营过程中遇到了严重的技术问题，进而导致了整个核电厂生产效率的降低。尽管该厂的工程师尽了最大的努力，但仍没能找到问题所在。于是厂里不得不花巨资请了一位顶尖的核电厂建设与工程技术顾问，请对方找出问题所在。这位顾问到达后，用两天的时间四处走动，到控制室里查看了数百个仪表、仪器，并记好笔记，进行计算。到了第三天，他指出问题在于其中一个仪表，只需将连接这个仪表的设备修理、更换好，问题就可以解决。工程师们将那个装置拆开，果真发现了问题。故障排除后，电厂完全恢复了原来的生产效率。

就像治病讲究对症下药，这位技术顾问抓住了问题的关键。如同好的医生在治病时，找到疾病的关键点，即问题的症结，就可以达到药到病除的效果，他只需找到仪表问题的关键点，余下的问题就能解决。

不只在工作中，在生活中也是如此。当我们在生活中遭遇难题，一筹莫展的时候，不妨让自己冷静下来，仔细分析一下问题，找到症结，对症下药，问题就可以顺利解决。

芳是一位全职妈妈，她生活的重心就是女儿艾米，每天为艾米奔忙。转眼，艾米就要上初中了，为了让孩子获得更好的教育，丈夫决定送艾米去一所寄宿制国际学校。没想到，艾米去寄宿学校上学前，芳生病了。

艾米在学校住了半个月，芳的身体越来越差，整日食不下咽、无精打采。丈夫担心她患了重病，于是专门带她做了各项检查，检查结果均为正常。没办法，丈夫只好请了保姆，专门照顾芳。

后来，丈夫发现了一个奇怪的现象：每次周末艾米回家，芳的身体就神奇地好了，还可以为女儿做各种想吃的美食，当艾米周日离家后，她又病弱不堪。丈夫经过一段时间的观察，怀疑芳是心理出了问题，于是找了一位心理咨询师。对方建议他给芳找些可以体现她个人价值的事情去做。几天后，丈夫告诉芳，一位开培训学校的朋友特别欣赏艾米，认为孩子能如此优秀要归功于妈妈芳的教育理念先进，因此想请芳去培训学校做教务助理，但又比较担心芳的身体问题。没想到，芳一听到这个消息，连连说她身体没问题，给她半个月的时间，一定会恢复如初。

半个月后，精力充沛的芳出现在培训学校，一扫女儿艾米住宿后的颓废和低迷，以崭新的面貌出现在众人面前。

故事中芳的丈夫在解决妻子芳的问题时，就抓住了问题的关键点——女儿住宿后，芳生活的重心失控，自我价值感受到威胁。于是丈夫采用了重塑其自我价值，树立其自信的方式，让妻子芳找回自我，找回自信，进而达到"心病还要心药医"的效果。

由此可见，无论是工作、学习，还是处理生活问题，都要讲究方法。只有抓住关键问题，切中问题的要害，才能使我们的工作和学习事半功倍。

新加坡著名作家尤今最初写文章的时候，总是苦恼于自己不能直入核心，直切要害。一次，她请一位同事代买圆珠笔，并再三叮嘱对方："记住，我不喜欢黑色，黑色暗暗沉沉、肃肃杀杀的，所以千万不要黑色的。千万不要忘记呀，12支，全部不要黑色。"然而，第二天当她从同事手里接过笔时，几乎昏厥，12支竟然全是黑色的。

看着尤今，同事却振振有词地说："你一再强调黑色的、黑色的，结果我在忙了一天后，昏沉沉地走进商场时，脑子里印象最深的就是两个词——12支，黑色。就这样，我一心一意奔着黑色的去买了。"

尤今意识到，倘若自己言简意赅地告知对方"请为我买12支蓝色的笔"，那么同事就不会买错了。生活中如此，写作其实也是如此。从此之后，尤今无论是说话还是撰文，均能做到抓问题的关键点，直击问题的中心。

所以，一个人倘若不能清楚生活中每一个阶段的关键点，就会在获得成功、成就和幸福的路上，多走弯路，多些曲折。

帕金森定律陷阱：精准定位

帕金森定律之鸡毛蒜皮定律：除了强调过多地关注无关紧张的小事，就会忽略重要的事务，进而影响了重要事情的进度，它还提示我们，当我们不能充分地认识到自己所处的现状，盲目乐观或悲观，必定会给自己的生活和事业招致不断的麻烦，从而让自己疲于不断解决问题。

强的公司因为经营管理不善倒闭了。树倒猢狲散，公司里上自总经理，下至清洁工，几十个人不得不寻求向外发展的机会。看着自己的下属一个个从公司里离开，强难受极了。不过，在感叹今非昔比、人去楼空的残酷现状之外，他更多的是担心自己的将来。

　　说实话，在此之前强可谓是少年得志，一帆风顺。大学毕业没多久，他就在机缘巧合之下，开了这家公司，人生可谓顺风顺水。然而，他没想到的是，苦心经营了十多年的公司会因为一件小事倒闭。强想重开公司，资金又不足，无奈之下只能选择替别人打工。

　　就这样，处理完手中的遗留事情后，强在一家公司找到了一份薪资还算不错的工作。和强同期进入这家公司的还有一个应届毕业生小李。当同样的事情交代给小李时，小李因为是职场新人，不但认真执行，而且虚心地向周围的同事求教；而强则自恃曾经开过公司，人脉和能力是这些一直替别人打工的人无法比的，因此以"老将"自居，认为同事在自己面前总是指手画脚、不可一世，根本无法接受。一个月后，强决定换一份工作。当他将自己的打算和小李说起时，小李惊讶地问他做得好好的为什么要换工作。强反问道："难道你能够忍受那些人指手画脚、不可一世的样子？"小李摇了摇头，说："他们没有对我指手画脚，更没有不可一世。那是他们对新人的帮助和培养。我好不容易适应了新的环境，不想再换地方了，就这样干下去吧。"强恨铁不成钢地说："你不跟我走，早晚得吃大亏。"

　　就这样，因为心态问题，强在一年的时间里先后换了五六份工作；而小李则在第一家公司里认真工作，虚心学习，年底被评为技术骨干，升了职，加了薪。春节前通电话时，听着小李的讲述，强怎么也想不明白，小李没什么比自己强的地方，凭什么如今混得比自己还好？

　　事实上，强的问题就出在不能认清现状，最终让自己的生活一团乱，从而麻烦不断。在人生的道路上，没有什么人可以保证走对人生的每一步。普通人在一生中均会经历成功与失败。而要获得成功，并非一个瞬间的选择，遭遇失败也并非转瞬即逝的结果。任何事物都是在发展的过程中逐步积累迎接未来的条件的，当条件积累到一定程度的时候，成功者必定会拥抱成功，失败者也必然会遭遇失败。

　　可以说，没人会持续地成功或失败，因此，一个人必须了解自己，认清自己的现状，了解现在的变化和将来的机遇，如此方能走向自己所期待的未来。

　　因此，无论是在工作中还是在生活中，我们可以看到，一个人倘若不能看清自己，看清当下的状况，就说明他没能认清自己，不能清醒地接受自己的成功和失败，并改变该改变的，坚持该坚持的，理解该理解的，包容该包容的，结果自然是在起点处犹豫不决，前进几步又后退几步。当发现面前苦难重重、麻烦多多的时候，就开始说服自己换个地方重新开始，最终只能故步自封。

心理学分析发现，产生这种问题的根本原因在于当事人的内心不够自信和强大，内心存在着深深的自卑感和怯懦感，缺乏面对失败的勇气，结果就会掉进帕金森定律的深坑。因此，只有不怕失败，也不怕打击的人，才会以一颗豁达的心面对成功和失败，从容面对生活和工作中的一切，清楚成功不是避开失败，而是了解失败，在失败中孕育出的。

狒狒家族等级森严，这一点突出地表现在就餐次序上。美国生物学家出于研究的目的，将一只狒狒首领与一只最小的狒狒分别关进一个笼子里。待其他狒狒用完餐后才将它们放出来进餐。观察中发现，每次那只狒狒首领看到其他狒狒进餐时，就会烦躁地在笼子里又跳又咬又抓，直至将自己弄得浑身是伤。而将其放出进食时，它则会将食物打翻在地，甚至拒绝进食。相反，那只最小的狒狒则会在其他狒狒进食时，悠然自得地玩耍或观看，进餐时则津津有味地吃着，更不在意狒狒首领将食物打翻在地。

由此生物学家得出结论：狒狒首领由于平时总是第一个进餐，所以当它发现其他狒狒先进餐时，就会勃然大怒。而那只最小的狒狒则因为平时就是最后一个进餐，因此当其他狒狒先进餐时，它能平静地对待。当然了，最终的结果是，实验结束时，那只狒狒首领身心俱疲，而最小的狒狒则身康体健。

诚如上述故事中的强和实验中的狒狒首领，一个人倘若不能认清现状，从容面对人生中的成功与失败，将自己的心态摆正，就会掉进自己设置的心理陷阱，终将自己弄得伤痕累累、筋疲力尽，而别人却浑然不觉，甚至感觉莫名其妙。

在城里工作了一段时间的清，厌倦了朝九晚五的打工生活，于是辞职回到家乡开了一家杂货店。虽然小店开在村里，且位置有些偏僻，但还是颇能吸引一些周边的邻居光顾。然而，清是一个不善于理财的人，每每赚到一点钱马上就花掉，结果到进货的时候他就束手无策了。所以杂货店在惨淡经营半年后，不得不关门了事。清将店铺卖掉后一算，自己不但赔掉了多年的积蓄，还欠了亲戚的债。

在家里消沉了一段时间后，清不得不回城里重新找工作。由于他仅有高中文化水平，又没有拿得出手的技术，于是求职屡次碰壁，为此他身心疲惫，甚至对未来的生活也失去了信心。

又一次面试失败后，清垂头丧气地走在路上，回忆着面试时人事经理的说辞。这时，耳边突然传来一声叫喊："小心！"清虽然急忙躲避，但仍不可避免地撞到了电线杆上。等他醒过神来，才发现提醒自己的是一个坐在简易轮椅上的残疾人。

这个人将自己的轮椅停在路边，关心地问："撞疼了吧？电线杆子也不是好欺负的！人得睁开眼睛看路，才能走得稳呀！"说完，他就转动轮椅向前行。清看到那人轮椅后面放着一台修鞋的机器，看样子他是一位修鞋人。

望着他渐渐远去的背影，清忽然间明白了，他会失败，就是因为无法看清自己和周围的环境，整天向往着远方的空中花园，而不去欣赏近在眼前的盛开的鲜花。

第二章

为什么每个公司都有闲人

帕金森定律之管理法则

让自己的团队不再有闲人

经常听到管理者抱怨自己的团队成员人数有很多，但工作效率却很低，一旦出现事情就互相推诿。其实，出现这种情况的根本原因是团队陷入了帕金森定律之冗员增加原理的泥潭中。

何为冗员增加原理？作为帕金森定律的重要原理之一，冗员增加原理指出，管理人员的数量增加与工作量并无关系，而是由两个原因造成的：一是，每一个管理者都希望增加下属而不是对手；二是，管理者互相为对方制造工作障碍。

这一原理强调了管理人员的素质。作为一名杰出的管理者，首先就要认识到一个好团队的根本就是团队成员之间的精诚合作，这也是团队繁荣的根基，因此要注意发挥团队成员的力量，而不是彼此之间互相拆台，这样才能促进团队建设，带出一支优秀团队。

俗话说："一个和尚挑水吃，两个和尚抬水吃，三个和尚没水吃。"相当多的时候，做事的人越多，工作结果反而越糟糕。针对这种现象，法国心理学家马克斯·瑞格曼通过实验和调查，发现了隐藏在这一现象背后的心理规律——责任分散效应。

瑞格曼选取了14名身强力壮的被试者，将他们分成4组，每组人数分别为1个、2个、3个和8个。实验中，各组被试者要按要求用全力拉绳子，同时试验助理在一旁用灵敏的测力器对被试者在比赛中的拉力逐一测量。测量结果表示，当参赛者为1个人时，被试者的平均拉力是63千克，而当参赛者为群体时，每个被试者平均使出的拉力都减少了：2人一组参赛时，人均拉力为60千克；3人一组参赛时，人均拉力为53.5千克；8人一组参赛时，人均拉力为31千克。

这一实验说明了一个道理：在共同完成一项任务时，群体人数越多，人均做出的贡献越少。

对于这一实验结果，瑞格曼给出了解释：当某项任务由个体单独完成时，其责任感相对较强，因此在完成任务的过程中会对此项任务做出积极的反应；当群体被要求共同承担某项任务时，由于任务的责任是由群体中所有人一起承担的，于是群体中每个成员就会感到自身的责任相对减少，从而责任感减弱，所以他们的努力程度也会相对降低。

这说明，人数并不是决定团队效率的因素，即并非团队成员的数量越多越好，因为人数多了，责任就会不明确，执行也会不到位，进而影响团队工作的效率。

在团队管理中，当一项任务由团队的几名成员共同完成时，大多数人会下意识地将理应由其本人承担的责任或完成的任务分解、转移到同组的其他成员身上。而这种情况一旦出现，该团队的凝聚力和战斗力就会因此严重削弱，从而让团队的整体功能下降。

在自然界，乌鸦是与老鹰相提并论的优秀的高空搜索者。它们飞翔于高空中，随时寻找可供食用的受伤或死亡的猎物。它们一旦发现了猎物的信息，就会把这些信息传达给自己的合作者——狼群，然后由双方首领分别带领着自己的同类——乌鸦和野狼赶到猎物所在地。接下来，野狼就要承担任务了：它们发挥力量的优势，用强壮的爪子将猎物的躯体撕开，在野狼大口吃肉的同时，乌鸦在一旁捡食着食物碎块，双方分食同一猎物。就这样，借助于合作，双方都获得了充足的食物，进而得以在危机四伏的原野中生存下来。

在这一合作过程中，乌鸦和野狼各司其职。乌鸦承担起发现猎物和清理食物残渣的角色，即侦察兵和清洁工；野狼承担起将食物剖开的任务，即刺刀。在自然界里，它们相当愉快地互相合作，共存共生。这真是一种相当良好的合作关系，而它们双方也因为这种合作各自在"物竞天择，适者生存"的大自然中经受住了考验。

当然了，在共同进食的过程中，狼偶尔会象征性地向着身旁的乌鸦露出凶狠的狼牙，但它们不会真正去伤害乌鸦，更不会将其当作自己的食物；乌鸦也会在狼进食的时候啄狼的屁股，但也绝不会真正伤害狼。它们之间的这种偶尔的对峙，仅仅是一种游戏。

可以说，这两种动物不仅能和平相处，而且很显然它们之间存在着依据大自然的效率法则和数千年的经验逐渐形成的错综复杂的合作关系。

乌鸦和狼的这种关系极其形象地说明了一支好团队的

根本就在于团队成员之间的精诚合作。未来社会是资源整合的社会，是团队合作的社会。任何人要实现自己的梦想都不能只靠一个人的力量。因此，无论是个人还是团队，要想获得成功，必须要与他人精诚合作。

某企业要招聘员工，很多人前来应聘，这其中有本科生，也有研究生，他们个个头脑聪明、博学多才，都是同龄人中的佼佼者。面对众多优秀的应聘者，聪明的董事长清楚，就专业知识而言，可能难不倒他们。因此，他要求公司的人事部组织了一场别开生面的招聘会。

招聘开始后，董事长让六名应聘者一起进来，然后发给他们十五元钱，让他们去街上吃饭，条件是必须保证每个人都要吃到饭，不能有一个人挨饿。

这六个人从公司里出来，来到街上拐角处的一家餐厅。他们上前询问价格，服务员告诉他们，虽然这儿米饭、面条的价格不高，但是每份最低也得三元。六个人一算，照这样的价格，六个人一共需要十八元，可是现在手里只有十五元，无法保证每人一份。于是，他们垂头丧气地走出了餐厅。

回到公司，董事长问明情况后摇了摇头，说："真的对不起，你们虽然都很有学问，但是不适合在我们公司工作。"
其中一人不服气地问道："十五元钱怎么能保证六个人全都
吃上饭？"

董事长笑了笑说："我已经去过那家餐厅了，如果五个
或五个以上的人去吃饭，餐厅就会免费加送一份。而你们
是六个人，如果一起去吃的话，可以得到一份免费的午餐，
可是你们每个人都只想到自己，从没有想过凝聚起来，成
为一个团队。这只能说明一个问题，你们都是以自我为中心、
缺乏团队合作精神的人。而缺少团队合作精神的公司，又
有什么发展前途呢？"

听到这番话，六名应聘者顿时哑口无言。

看完这个故事，再细想一下冗员增加原理，我们就会
清楚地认识到，避免陷入这一原理的重要方法就是打造一
支精诚合作的团队，如此方能避免出现责任分散现象，进
而保证团队的战斗力。

就员工招聘问题，微软遵循着一套相当严格的标准，
其中考察应聘人员的最重要且最必要的因素就是其身上的
团队精神。他解释说："如果一个人是天才，但其缺乏团队
精神，这样的人我们不要。中国IT业有很多年轻聪明的人

才，但他们的团队精神不够，所以每个简单的程序都能编得很好，但编大型程序就不行了。微软开发Windows XP时，500名工程师奋斗了两年，一共编了5000万行编码。软件开发需要协调不同类型、不同性格的人员共同奋斗，缺乏领军型的人才和合作精神是难以成功的。"

　　团队之间的竞争，即团队协作能力的竞争，是现代企业竞争的本质。精诚合作的团队精神是公司成功的保证。在专业分工越来越细、市场竞争越来越激烈的社会前提下，单打独斗的时代已经一去不复返，要实现杰出管理，就要打造一支精诚合作的团队。

谁是人才，由领导决定

中层管理者是企业员工的直属上司，对员工的成长、团队的组建起到至关重要的作用。相当多的企业留不住人才，一个重要的原因就在于中层管理人员的素质不到位，而这是由于企业在选拔中层管理人员时出现了帕金森定律之人事遴选庸才现象。

所谓人员遴选庸才现象，即人们为了选择人才，设计了许多方法，但大部分方法都是徒劳无功的，最终不得不靠偶然性标准遴选人才。在这种招聘中，发挥决定性作用的因素就是第一印象效应。

霍尼韦尔国际是一家资产达数百亿美元的多种技术

提供商及制造业的领袖型企业，曾任其总裁和CEO的拉里·博西迪回忆自己在人才选用上的经历时，讲过这样一件事：

某次他急需一位高级营销执行官之时，经朋友介绍，他认识了一个人，我们就称这个人为彼得吧。彼得给拉里的第一印象相当不错，拉里觉得彼得不但为人风趣幽默，说话极具感染力，而且执行能力很强。这正是拉里需要的营销执行官所具备的特点。加之彼得又是朋友介绍的，于是双方一拍即合，拉里聘请了彼得做公司的高级营销执行官。

结果三个月后，拉里发现自己错了。因为彼得是一个典型的空谈家，整天夸夸其谈，却做不出任何成绩。彼得离开后，拉里给朋友打电话，朋友告诉拉里，他和彼得并没有什么私交。拉里这时候想起，在初次见面时，自己竟然认为他们二人交情深厚，因为他看到彼得和自己的朋友交谈甚欢。

拉里在人员任用上会犯下这样的错误，究其根源就是受到了第一印象的误导。我们必须承认，人们在相互交往与沟通时，第一印象的好坏非常重要。这就导致相当多的人往往会根据最初的印象去评判一个人，甚至会因为第一印象给人贴上标签。

著名社会心理学家包达列夫曾做过以下实验：两组被试者分别看同一个人的照片，照片上的人的特征是眼睛深凹，下巴外翘。然后实验人员向甲组被试者介绍情况时称"此人是个罪犯"，向乙组被试者介绍情况时称"此人是位著名学者"。然后，实验人员请两组被试者分别评价这个人的外貌特征。

甲组被试者认为：此人眼睛深凹，表明他凶狠、狡猾；下巴外翘，反映其性格顽固不化。乙组被试者认为：此人眼睛深凹，表明他具有深邃的思想；下巴外翘，反映他具有探索真理的顽强精神。

评价的结果显示了两组被试者对同一照片的面部特征所做出的截然不同的评价，差异如此巨大的原因在于，人们对社会各类人的认知已经定型。将其当作罪犯来看时，自然就认为这个人的眼睛、下巴的特征理应属于凶狠、狡猾和顽固不化的代表；而将其当作学者来看时，就自然而然地把相同的特征看作思想深邃和意志坚忍的体现。

所以，凭借自己的第一印象来评判一个人，很有可能陷入印象的怪圈，从而造成偏见。在选拔人才时，这种偏见会让我们对要任用的人产生误解，从而错过很多合格的中层管理人员。

正是由于第一印象的偏颇性、误导性，加上这一现象又是确实存在的，所以在选拔人才的时候，理性地反思自己对要任用的人员的印象是有必要的。"兵随将转，无不可用之人"，这是每位管理者都应有的信念。

或许我们的确会遇到一些"不可用"的人，也的确会遇到一些"可用"之人，但身为管理者，你必须要意识到不能仅因为对方的外在条件而对其做出论断，而是要减少第一印象的负面影响，将自己的关注点更好地转移到对人才的考查上来，全面地评估一个人，进而找到自己需要的中层管理者。

总之，无论第一印象效应在多大程度上符合事实，对管理工作都是不利的。这种不利的重要原因就在于，管理者会借由其造成的偏见更多地主观评判人才，而非全面考察人才，发现其潜能或发展性，由此降低了管理者在选择下属上的科学性，进而导致企业管理的失败。

那么，该如何克服第一印象对管理者在选择人才上的负面影响，从而利用标准的招聘程序选择自己需要的优秀的中层管理人员呢？先来看一个小故事：

这几天，部门的同仁都相当兴奋，原因是部门要调来一位新主管，据说此人是个能人，因此专门被派来整顿这个全公司业绩最差的部门。可是，日子一天天过去，新主管却毫无作为。他每天彬彬有礼地走进办公室，然后就躲在里面几乎不出门。慢慢地，那些最初紧张得要死的消极怠工者放下了戒备，变得比以前更猖獗了。唉，这个新主管，根本不是什么能人，就是一个老好人，还不如以前的主管呢。

就这样，四个月过去了，新主管的命令从办公室中不断下发，那些暗自得意的消极怠工者都被开除了，部门里的能者则获得了提升。新主管动作之迅速，下手之快，断事之准，让众人大跌眼镜。在接下来的时间里，部门里的人如同打了鸡血，每个人都像上了发条的钟，飞速地旋转着。到年底考核时，大家意外地发现部门任务竟然完成了。

年终聚餐时，新主管在酒后致辞时讲了一个故事：一个人买了一栋带着大院子的房子。他一搬进去，就对院子进行全面整修，杂草杂树一律清除，改种自己新买的花卉。某日，原先的房主回访，进门后大吃一惊地问道："那株名贵的牡丹哪里去了？"这人才发现，自己居然把牡丹当草给割了。后来他又买了一栋房子，虽然院子里更加杂乱，他却按兵不动。果然，冬天时以为是杂树的植物，居然在春天开了繁花；春天以为是野草的植物，在夏天却是锦簇一团；半年都没有动静的小树，在秋天居然红了叶。直到暮秋，他才认清哪些是无用的植物，并使所有珍贵的草木得以保存。

讲完故事，新主管举杯说："让我敬在座的每一位！如果咱们的部门是一个花园，那么你们就是其间的珍木，珍木不可能一年到头总是开花结果，只有经过长期的观察我才能知道啊。"

正所谓"路遥知马力，日久见人心"，管理者不能凭一时的观察或看到的表象确定一个下属的价值，更不可凭第一印象妄下断言。要想真正了解一个人，首先需要对其进行长时间的、持续的观察，不随意为对方贴标签。只有通过了细致彻底的观察，才能正确评估出一个人的价值，并交给他合适的工作。

现在，相当多的人甫一见面，就喜欢用"白领""小资""愤青"这些词来给人分类，不过细细思量，我们很难用单一词语完全概括一个人的本质特点，就比如我们不能用"善良""奸诈""开朗""悲观"等某单一词语概括出一个人的全部个性。

因此，我认为，管理者在管理中，首先要避免在第一印象的影响下，极其不客观地评判一个人。

其次，管理者要养成客观全面地看待事物的习惯。当然了，相当多的管理者都清楚客观看待事物的重要性，但人往往很难避免主观心理。就如同每个人都有自己喜欢的颜色与味道，人们对待人或者物也总是有所偏好。即便如此，你也要尽可能客观地看待事物的本质，而不是将善看成恶，将质量低劣当成品质上乘。

最后，管理者要养成知错就改的良好习惯。人人都难免会产生第一印象，正如上文中所说，我们并非心理医生，更不是神探，因此，第一印象有所偏差是在所难免的。不过，一旦你发现自己对某个人凭第一印象做出了错误的判断时，你就要努力去重新看待这个人，在招聘时，要借助于客观的招聘标准，全面考察应聘者，如此才能挑选出适合的中层管理者。

一项调查表明，在管理过程中，70％的明星员工都是被平庸的经理逼走的。

　　中层管理者是企业管理的关键，是组织发展壮大的基础，因此，我认为，每一个希望企业迅速壮大的企业家都必须高度重视中层管理队伍的培养。

权力不是管理的唯一手段

阅读帕金森定律时，我能时时感觉到它在管理上给我的启发。在我看来，帕金森定律从不同角度提示管理者如何成就杰出的管理，而不能把权力作为管理的唯一手段。

我经常发现，一些管理者在管理企业时，喜欢将权力作为唯一的手段，调控企业内部的事务。尽管这样的调控事实上的确可以起到一定的作用，提升了下属的执行力，但从打造企业文化和企业长期发展的角度来看，这种将权力当作管理的唯一手段的方式，不利于领导力的提升，会让企业管理存在极大的隐患。

我的一个朋友是一家培训学校的校长，这所学校的主要业务是为影楼行业的从业人员，包括化妆、摄影、数码等人员进行技术培训。学校刚创办时，出于各方面的考虑，朋友找了许多亲朋好友做公司的管理人员。创业初期，为了方便管理，朋友在深入研究各种管理学理论的基础上，精心制定了极其细致的规章制度，要求学校的所有员工都要深入学习。为了规范学校员工的言行，朋友还专门安排了督导，以监督培训教师的工作质量。

学校创办两年以来，效益一直都很好。但是最近，朋友却打电话向我吐槽，说学校的管理出现了问题。对此，我并不惊讶，因为在这种家族式的小企业中，所谓的管理制度差不多都是给外人设置的，家族内的人很少遵守。比如我就曾无数次听到朋友的亲友打电话跟朋友请假，声称家里有事儿，不去学校了。但事实上，对方仅仅是不想起床上班。

就这样，朋友错将权力当作管理，原来制定的规章制度成了一纸空文。结果，学校的其他员工感觉不公平，于是慢慢出现了一些员工公开违反制度的现象。比如前段时间，学校的督导发现一些授课老师经常去外面兼职，有的老师甚至因此严重影响了本职工作。当督导找这些老师谈话，要按制度"一刀切"时，这些老师顿时不愿意了，集体找朋友讨说法，质问她为什么她的亲朋就可以违反规定而不受惩罚。朋友陷入了两难之中："一刀切"的话，亲戚也得受罚；可如果不"一刀切"，违纪老师的行为的确影响极坏。

实际上，我的这个朋友之所以会让自己的管理处于如此尴尬的境地，就是因为她错让权力成为管理的唯一手段，忘记了制度的重要性，让自己陷入了帕金森定律的泥潭之中。

其实不单单是我的朋友，我发现很多企业的管理者在管理时，也经常随心所欲地滥用制度给予的这种权力，不遵守规章制度，也不按制度进行管理。这其实就是让权力成为管理的唯一的手段。这是对管理的一种破坏，是对制度的一种亵渎，是对公正、公平的误解。

究其根本，这种权力管理的方式其实就是一种人情化管理，它没有制度化管理作为管理依据，单凭管理者的个人好恶，非常主观，会在一定程度上助长下属的惰性，让下属缺少相应的约束力及压力，因此很难产生工作的动力。这是一种纯粹依靠主观意识的管理，不具备科学性和原则性，最后只会越管越糟。

那么，该如何走出这种权力成为管理的唯一手段的困境呢？

须知，没有制度化管理，公司会失去存在的基石；没有人性化管理，公司则会失去未来。制度化管理要体现人性化，这样，人性化管理才能落到实处，制度化管理才能成功。

为此，管理者要实现杰出管理，就要避免权力管理的误区，注意在制度化管理中要体现人性化管理，在实行人性化管理时，牢记制度应该是管理的最高境界，准确有握好人性化管理与制度化管理结合之"度"。

让制度化管理和人性化管理结合起来，不让权力成为管理的唯一手段。

第一，摆正企业与员工的位置，牢记"员工也是上帝"的人性化管理理念。正是由于意识到了员工的重要性，意识到了员工队伍的稳定与否、创造性的大小、素质的高低、凝聚力的强弱对企业的效益和发展的深刻影响，所以许多企业在管理中，将人性化管理放在了首位。比如美国罗森布鲁斯国际旅游公司就在管理上标新立异、独树一帜，大胆地提出了"员工第一，顾客第二"的口号，并将其确定为企业的宗旨付诸实践。这一管理思想让该公司在短短的十余年内便跻身世界三大旅游公司的行列。

第二，使用制度化管理的同时，不要忘了人性化管理，以激发下属的工作积极性，培养下属的企业归属感。

韩国精密机械株式会社实行了一项独特的管理制度，即让职工轮流当厂长管理厂务。一日厂长和真正的厂长一样，拥有处理公务的权力。当一日厂长对工人有批评意见时，要详细地记录在工作日记上，并让各部门的员工收阅。各部门、各车间的主管，得依据批评意见随时改进自己的工作。这个工厂实行一日厂长制后，大部分当过"厂长"的职工增强了对工厂的向心力，工厂管理也成效显著。这种管理方式开展的第一年就节约了300多万美元的生产成本，让企业的每一个成员都更深刻地体会到自己也是企业这个大家庭中的一员。这种管理方式让企业的每一个成员都身体力行地做了一回管理者，不仅充分调动了他们的积极性，还让他们从多方面看到了管理上的不足。

我从这个事例中获得的启发是，现代企业管理的重大责任就在于谋求企业目标与个人目标相一致，两者越一致，管理效果就越好。为此，管理学家们常说："上下同欲者胜。"上述案例中的韩国精密机械株式会社正是借助于一日厂长制度，将上下同欲的策略具体化，进而达到了管理目标。

第三，在人性化管理的同时，用制度约束人本身的惰性。须知，人性化管理是在完善管理制度前提下的人性化，它强调的是在管理中体现人文关怀，不让管理变得冷冰冰的，而不是完全放弃制度的约束，更不是对下属听之任之，让其为所欲为。

要知道，倘若一个企业不建立健全规章制度，不建立与不断改进激励机制，不培育良好的企业文化，那么企业的员工就会陷入没有人管、没有工作压力、没有工作目标的状态，就极易产生惰性，失去工作的热情。为此，要更好地实行人性化管理，企业就要制定明确的规章制度，使部门主管监督得力，员工的工作合理安排，工作目标明确，并制定相应的奖惩制度。在制度的约束下，科学地进行管理，如此才能打造一个成功的企业。

第四，要注意在制度化管理的基础上实行无情管理。所谓无情管理，实际上就是要求管理者学会无情。我之所以强调管理者要无情，是因为无情是管理者要达到的一种境界。在管理工作中，一个好好先生是不能得到他人的信任的。而要获得他人的信任，得依靠你的个人品质和能力。管理离开信任就如同无源之水、无本之木。身为管理者，要获得下属的信任，那就要心甘情愿地让自己成为愿意负责的无情之人，如此才能最大限度地做到人尽其才。

传媒大亨默多克可谓是无情管理的典范。他在管理上从不做好好先生，面对人的管理和事的管理，从来都以成效为评判标准。他认为："对人的管理应和对公司资产的管理一样严格，否则不管是对人，还是对事业，都会造成不利影响。如果有人用各种理由不干活的话，就应辞退他。"为此，他无情地开除了四十多位发行人员和编辑，其中就包括他父亲最好的朋友和美国成功的编辑之一克莱·费尔克。然而他的这种管理方式却并没有令下属士气消沉，反而激发出了下属更多的潜能。

由此看来，无情管理的本质就是强调在制度面前人人平等，制度即管理，管理唯制度，制度即文化。这样的管理与管理者职位的高低、权力的大小无关，这样的管理是公正、公平的状态。一般来说，在管理者中，职位越高，权力越大，但在无情管理的状态下，权力越大则代表着公正、公平、合理的状态越佳。但这并不代表缺少人性化，就本质而言，它和人性化管理异曲同工。

　　总之，对公司而言，没有制度，公司就会失去存在的基石；而没有人性化的管理，公司则会失去未来。在竞争日趋激烈的今天，杰出管理的要义就是将制度化管理与人性化管理结合起来，而不是让权力成为管理的唯一手段。

宽容下属，是成就自己

在一项关于企业管理的调查中，其中一个问题为："当你的下属犯了错，你认为最有效的处理方式是什么？"在参加此项调查的200名管理者中，有120名管理者选择了"严厉批评，以示警告"。在另一项针对员工的调查中，当员工被问及"当你犯了错误，你认为部门负责人什么样的态度你更容易接受、更有利于你工作的改进"的时候，70％的员工选择的是"单独地批评，善意地指导"。

从上面两项调查中，我发现，在对待批评问题上，作为当事人的管理者和员工之间存在着明显的差异。而这也正是在管理中，管理者的批评总是无法达到预期效果的原因之一。

那么，这种无效批评背后的深层原因是什么呢？我想到了管理学中的波特定律。这一定律指出，当遭受许多批评时，下属往往只记住开头的一些，其余就不听了。因为他们忙于思索论据来反驳开头的批评。如此一来，管理者的批评就是无效的，反而会激起下属的逆反心理。

同时，管理者对下属的批评，源于其过度关注下属的错误，于是会让下属做事情时如履薄冰，不敢尝试。而对于一个企业来说，缺乏勇气远远要比犯错误更可怕，它会让一个人故步自封，拘泥于当下，不敢有丝毫的突破和逾越。那么，作为一名优秀的管理者，当下属犯错的时候，最好的做法是什么呢？

第一，不妨一起承担错误。面对下属犯的错误，很多管理者不懂得一起去承担错误这个很简单的道理，首先想到的是下属的问题，指责下属，总是认为既然是下属犯的错误，他就应该承担责任，而自己作为管理者则无须承担任何责任。这样的管理者不清楚的是，在你的下属眼里，当你面对他们的错误，一味地推卸责任，将问题全都归咎于他们时，不仅降低了你的威信，还让他们感受到了你的没有担当，以及作为你的下属的孤立无助感。事实上，身为管理者，必须清楚地认识到，下属的错误就是你的错误，因为你既然是上司，即使不是直接的工作处理者，你也最起码犯了监督不力或用人不当的错误。因此，错误怎么可能只是你下属的错误呢？

面对下属的错误，最明智的选择就是勇敢地和下属一起承担责任，首先承认自己的错误，接下来思考下属犯错误的原因，是自己的指导不到位，还是因为其他原因。这样，才能让下属佩服你。

第二，你要体贴下属犯错误后的心情，让其第一时间从你那里获得心理支持，这样下属会发自内心地感谢你，进而增加忠诚度，激发更大的工作热情。

玛丽·凯化妆品公司的创办人玛丽·凯·阿什就是一个极具包容心与体贴员工的领导。在面对犯错误的员工时，她的原则是宽厚待人，学会换位思考。在她看来，当一件工作出了问题或做得不好时，最难受的其实并非管理者，而是下属。因此这个时候领导的工作就是帮助下属发现问题，并改正问题。正是由于这个原因，玛丽·凯化妆品公司的员工满意度相当高，每一名员工都卖命地工作，他们相信跟着如此宽厚的领导工作，会过上幸福的生活。

第三，面对犯了错误的下属，领导者在对其加以评价时，要立足于对方能否从错误中得到成长，获得教益，而非将错误作为下属职业生涯中的不良记录。

西门子公司在对待员工的错误时，就秉持这样的原则。西门子（中国）有限公司人力资源总监说："我们允许下属犯错误，如果那个人在犯了几次错误之后变得'茁壮'了，那对公司是很有价值的。犯了一项错误后，在以后个人发展的道路上就不会再犯相同的错误。"在西门子，有这样一句口号：员工是自己的企业家。这种氛围使西门子的员工有充分施展才华的机会，只要是参与有创造性的活动，即使失误了公司也不会责备。

第四，要选择恰当的批评和教育的机会。在很多情况下，当下属犯错误时，管理者不能视而不见，更不能一味地将就和袒护，而是要抓住时机，巧妙地批评教育。如此一来，才能保持下属的工作热情。

我曾看过这样一个故事：一位知名演员在上台表演前，助理告诉她头饰戴歪了。这位演员点头致谢，接着对着镜子将头饰整理好。等到助理转身后，她又对着镜子将头饰弄歪。一个到剧组采访的记者看到了这一切，不解地问："您为什么又要将头饰弄歪呢？"这位知名演员回答道："因为我饰演的是一位历经生活磨难的女性，现在她经过长途跋涉到达了目的地。头饰歪正好可以表现她的劳累和憔悴。""那您为什么不直接告诉您的助理呢？难道她不知道这是表演的真谛吗？""她能细心地发现我的头饰歪了，并且热心地告诉我，我就一定要保护她的这种积极性，及时给她鼓励，至于为什么不当场告诉她，我想将来会有更多机会，可以下一次再说啊。"

这位演员并没有因为助理看不出自己的用心而责怪她，相反却对她的细心进行了嘉奖，可谓别具匠心。她的这种做法，不但能让助理保持面对生活的热情，还为后面自己的教导提供了契机。

其实，在管理中也一样。当下属犯了错误时，比如不懂规定，冒失地采取了一些不利于公司的举措，作为管理者，在知道下属好心办了坏事的情况下，最好的处理方法就是先不指出，而是肯定其动机中值得赞扬之处，然后再寻找机会委婉地向其讲明其中的原委。如此一来，你的下属就会从你的态度中获得肯定，并得到成长。

因此，我给管理者的忠告是，在很多时候，当下属犯了错误时，领导者与其严厉批评，甚至将下属骂得狗血淋头，希望以此达到杀一儆百的效果，体现企业规章制度的严肃性，显示管理者的威严，不如学会宽容下属，设身处地地替下属着想，在批评的同时不忘肯定下属的功绩，变责怪为激励，变惩罚为鼓舞，让下属在接受惩罚时怀着感激之情，进而达到激励的目的。如此一来，不仅会使批评产生预期的效果，还能得到下属的大力拥戴。

让自己拥有出色的决策力

我曾看过一则新闻，说的是某知名作家去报社工作，结果没几天便主动辞职了。而他之所以辞职，并非因为他没有能力写稿子，而是因为他不懂怎样把报纸办得令读者叫好，为此他感觉办报比写小说还累，遂回家继续做自己的老本行——执笔写小说去了。

事实上，我认为管理者在决策时，也要具有上面这位作家雷厉风行的决策力，而不是像某些企业决策者那样优柔寡断，最终让中间派占了上风，导致管理中出现中间派成为决策者的现象，从而阻碍企业的发展。

对于企业领导者来说，"管理就是决策"。无论是重大战略决策还是高管的提拔任用，一切决策都会影响到企业的运作和发展。因此，衡量一名领导者成功与否的重要因素之一就是他是否具有决策能力。所以这时候领导者做出正确的决策便显得至关重要了。

1928年，由美国银行家贾尼尼控股的意大利银行收购旧金山自由银行后，金融巨头摩根怀疑贾尼尼企业想控制全美国的银行业，于是借助美国联邦储备银行之手，使纽约意大利银行的股票暴跌50％，加州意大利银行的股票暴跌36％。

获悉这一消息的贾尼尼连忙赶回旧金山召开紧急会议，寻找原因和解决办法。

在会议上，贾尼尼的儿子玛利欧主张出售意大利银行的一部分资产，然后再买回公开上市的股票，从而使意大利银行由上市的公众持股公司变成不上市的内部持股公司，脱离华尔街的股票市场。这一想法获得了其他董事的支持，大家都认为这是当时唯一可行的方法。然而贾尼尼表示强烈反对，认为这一策略过于消极，不利于公司的发展。

最后，讨论陷于僵持之中，大家都沉默了，目视着贾尼尼，等着他拿出锦囊妙计。

没想到，贾尼尼没有给出任何出奇制胜的计策，而是直接提出自己辞去意大利银行总裁一职。此话一出，举座皆惊。以他的儿子玛利欧为首的董事会成员纷纷劝说贾尼尼，但他坚持自己的观点，且态度明确地表示自己绝不会让意大利银行倒下！

于是，意大利银行以贾尼尼辞职的方式向摩根示弱，令对方放下了戒备。但实际上，玛利欧等人根据贾尼尼的策略，很快到德拉瓦注册成立了一家新公司——泛美股份有限公司，并成为该公司最大的股东。接着，这家公司将正在暴跌的意大利银行的股票低价买进，由此挫败了摩根等人欲置意大利银行于死地的阴谋，而且让意大利银行得以发展壮大。

在这个案例中，在企业生死存亡之际，贾尼尼以极强的决策力和高瞻远瞩的气魄挽救意大利银行于危亡之中，成为改写美国金融历史的巨人之一。

中国古语云："将之道，谋为首。"意即杰出管理的首要特点就在于谋略，即决策。决策贯穿了管理活动的全过程。它是管理成功的重要前提，也是领导者管理意志的集中体现。要想成就杰出的管理，就需要管理者具备高超的决策力。

何为决策？决策即判断，是领导者在各种可行方案之间进行选择，甚至在无方案可选的情况下判断和分析，进而做出决定的行为。

成功的经营取决于正确的决策，决策在管理中具有非常重要的地位。美国著名的管理学家西蒙就曾经提出"管理就是决策"的著名论点。因此，一家企业经营成功的关键就是做出正确的决策。

日本索尼公司开发了众多著名的电子产品，其中就包括随身听。而随身听的诞生就是源于索尼公司创始人之一盛田昭夫的决策力。

当初，盛田昭夫经过观察发现，年轻人喜欢听音乐，而且经常处于运动之中。于是，他萌生了制作一种方便随身携带的产品，让人们可以边运动边听音乐的想法。他认为任何市场调研报告也无法推测这种产品的成功，因为消费者不清楚何为可能。于是他果断放弃用科学研究或民意调查证明消费者会购买随身听的方式，选择了听从自己的本能，进而做出了生产随身听的决策。结果，他的这一高明的决策，让索尼公司获得了巨大的成功。

这一故事说明，拥有高超的决策力是杰出管理者最本质的特征。一个成功的企业，其管理者必须拥有高超的决策能力，如此方能成功地进行决策，并借助于决策力，发现其他实际或潜在竞争者无法发现的各种盈利的可能性，并借助于自己的决策将这种可能性转为现实。

那么，高超的决策力来源于何处？它来源于管理者的优良的决策基因。决策基因决定着决策者的综合决策水平。

何为决策基因？它是由经验、知识、信息和思维方法构成的决策逻辑。经验是决策者在长期实践中获得的决策逻辑，知识是决策者经过理论学习获得的决策逻辑，信息是决策者通过观察、沟通得到的信号，思维方法则是决策者认识问题、分析问题的角度与思路。这四个方面共同作用，从而让决策者做出高超的决策。

一位企业领导者的决策能力对于一个企业的可持续发展起着至关重要的作用，因此，企业的管理者要多方面培养自己的决策能力，激发潜藏于内心深处的无限能量与智慧，进而成就杰出管理。

决策力在管理中的作用是毋庸置疑的，如果一个企业的领导者没有了决策力，那么其管理的企业就离被对手和市场淘汰不远了。可以说，决策力贯穿整个企业的发展，决策的正确与否将直接关系到企业的生存与发展。因此，企业中的每个领导者都应重视对决策力的认识和提高，只有提升企业管理水平，企业才能在竞争中生存与进步。

当然了，高超的决策还要考虑到它的可行性，倘若无法执行，那么任何决策都是没有意义的。我认为下面这个小故事就说明了这一道理：

很久以前，一群老鼠吃尽了猫的苦头，于是召开全体大会，群策群力，商量对付那些猫的万全之策，想一劳永逸地解决这一事关大家生死的大问题。

众老鼠绞尽脑汁、冥思苦想，有的提议帮助猫养成吃鱼、吃鸡的新习惯，有的建议加紧研制毒猫药……会上讨论的气氛可谓相当热烈，不过这些方法都由于过于烦琐，不具备可行性而告吹。最后一只老奸巨猾的老鼠出了一个主意：在猫的脖子上挂一个铃铛，只要猫一动，铃铛就会响，大家就能得到警报，躲起来。

此法简单有效，获得了与会众老鼠的一致赞同。但到了选执行者时，场上陷入了可怕的沉默，不管是丰厚奖励还是颁发荣誉证书，均无法激起老鼠们踊跃执行的激情。

第三章

为什么你有能力却从未升职

帕金森定律之领导力法则

审视自己的领导力格局

记得很久之前就看到过一句话："态度决定高度，高度决定视野，视野决定格局，格局决定结局。"此后再看身边形形色色的人时，这句话不时浮现在我的脑海中。那么何为格局呢？所谓的"格局"，就是指一个人做事的眼光、胸襟、胆识等要素的综合体现。

W是某名牌大学的毕业生，毕业后在一家公司工作了十年之久。十年期间，他的许多同事都升职了，甚至几个后来者成了他的领导，而他仍是一个普通员工。论工作，他很努力，不过此人身上存在两个大问题：一是爱贪小便宜，二是气量太小。说他贪小便宜，这是有实例的。公司休息室里有点心和各种饮料，他就从不吃早餐，专门到公司来吃这些茶点。甚至有人发现他竟然从休息室里顺纸巾，放到自己的办公桌上用。更可笑的是，他每次下班前都要到茶点室装上满满一杯饮料，在下班路上喝。说他气量小，是因为他经常占公司的小便宜，但还不让别人说。一次，一位同事实在是看不下去了，就调侃了他几句，结果他当时没说什么，过后经常找茬，故意在工作时为难对方。

W就是典型的格局太小。这样的人最终会因为自己的格局太小而发展受限，因此谋大事者必定要布大局。于管理者而言，要做好管理，首先就要布好局，培养自己的领导力格局。

所谓领导力格局，就是一种以大视角看待事情，力求在做事、做人时站得更高，看得更远，想得更深。它决定着事情发展的方向。那么，如何判断一个人是否具有领导力格局呢？

第一，要看一个人在做事时是否有担当，是否具有责任感。一般来说，凡是真正有大格局的人，都具有全局观，不会仅为做事而做事，而是在做事的时候，考虑到方方面面，从而达到见微知著的目的。

一位老木匠要退休了。老板找到他，让他在半年之内帮自己到某处清静之地修理一幢房子。老板没提任何要求，只是让他认真修理，确保质量。老木匠先是用一周的时间细细研究了这幢房子，再到建材市场上考察了一番，然后回来找老板汇报自己的装修计划。老板摇摇头说："你看着办就行，我相信你！"于是，老木匠就开工了。

半年后，老木匠请老板来验收房子。老板来到这幢闲置了许多年的房子前，看到房子一改从前萧疏的样子，不但该加固的地方加固了，而且原来的一些老物件也被充分利用了。更加难得的是，老木匠还在房子前后各修理了一个宽阔的庭院。前面的作为茶室，里面放着做好的茶桌和茶椅；后面的作为果园，还在其中栽了不少果树。

老板看后，十分满意，问老木匠为什么没把那些老物件换成新的。老木匠笑着说："那些老物件虽然看着陈旧，但都是一些难得的好东西，品质上乘，做工极好，与其花钱买新的，不如修理一下接着用。省下的钱，用来修理前后庭院，购买果树。果树几年后长高结果，老板你可以在劳累时摘果吃果，放松休息。"

老板听到这里，满意地点点头。随后，老板感谢了老木匠的用心，同时郑重地告诉他，这幢房子就是自己送给他的养老之所，以感谢他多年来为公司做的贡献。

这是我从前看过的故事，这个故事相当形象地说明了是否具有大格局，决定了做事的风格，也决定了一个人的结局。因此，身为管理者，要培养自己的领导力格局，让自己具有责任心和担当，因为一个人越有责任心，就越堪当大任。

第二，要看一个人面对挫折的态度。一般来说，真正有领导力格局的人，在遇到挫折和困难的时候，不是一味地发怒或自暴自弃、自我沉沦，而是能以客观的态度分析问题，能整合身边的资源解决问题，因为他们清楚挫折和困难是通向成功的第一步。而心理学研究也表明，我们做事时的态度影响着我们做事的成功率。

因此，真正有大格局的人，不会因为挫折和困难选择放弃，而是会勇于战胜挫折与困难，积极探索更多的可能性，不断磨砺自己人生的底色，增强自我体验，进而达到人生的顶峰。

第三，要看一个人在面对批评与指责，而不是表扬时的态度。真正有大格局的人，能坦然面对他人的指责与批评。心理学研究表明，防御意识是人内心的本能，在一般情况下，当人感受到来自他人的侵犯（不管是言语还是行为上的侵犯）时，都会下意识地做出反击。而这种反击就可以看出一个人的格局。有领导者格局的人不会在这种情况下与他人针锋相对，更不会失态地大打出手，相反，他们会采用所谓的绿灯思维思考问题。

何为绿灯思维？它是指以积极的心态面对他人的批评和指责，反思自己的问题，从而提升自己。这种思维方式利于提升一个人的能力，能帮助一个人成就自我。这种思维是建立在清晰的自我认知基础上的，是高度自尊的体现，更是理性处理问题的表现。

第四，要看一个人对事物的看法。一般来说，从一个人对事情的看法，可以看出一个人是否有见识。正所谓"站得高，看得远"，一个有格局的人能不拘泥于眼前的事实，能从更高的角度，用更新的思维解决问题，将事情放在时代背景和时间坐标上分析，从而得以窥到事情的全貌，进而认清事情的利弊。

总之，真正有格局的领导者不会让自己陷于帕金森定律的陷阱，能提升自己的格局，创造属于自己的无限可能，从而以出色的管理赢得事业和人生的成功。

做一名团队建设者

前几天和一名培训师聊天，他讲了自己在一位客户那里做完培训，和参加培训的部门经理在一起聊他们当下的工作。他说他发现每个部门经理都把自己当作这个企业的建设者，并且都认为自己为这家公司做出了巨大的牺牲和非常大的贡献。但是，当他和老板聊天的时候，这位老板却认为自己的团队一直缺乏斗志，总是出工不出力，就算自己为团队成员提高了待遇，也只能让他们的工作状态好一段时间，不久又会恢复到以前的状态。最让这位老板生气的是，在遇到困难的时候，这些部门经理不是想办法解决问题，而是先想着跟公司谈条件，保护自己的利益。

实际上，困扰着这位老板的问题就在于其团队缺乏正能量，即团队的部门经理更多的是私利的追逐者，而非企业的建设者。有这样的中层干部，其领导的团队的氛围也就可想而知了。

吉姆是某公司的一位负责生产的高级经理。当初老板创业时，吉姆就追随着他，风里雨里几十年，如今公司发展壮大了，吉姆也成了高级经理。然而，虽然公司壮大了，但吉姆的管理水平却没有随之提升。他一直沿用以前粗鲁、暴躁的工作风格，对于自己的团队成员，始终要求满负荷前进，一旦他认为哪个员工"跑得太慢"，就通过"鞭打"（批评、讽刺，甚至惩罚）的方式来管理，以达到他所期望的结果。当然，这种想法和做法也确实帮助吉姆完成了每年的工作任务。

然而长期下来，老板头疼地发现，吉姆的下属在工作时阳奉阴违。吉姆在时，他们好像干劲十足，但细看会发现，他们只是用了七八分力气；吉姆不在时，他们懒懒散散、得过且过，甚至有一次吉姆出国半个月，部门当月的工作任务竟然险些没完成。老板责成人力资源部门调查后发现，员工出现这样的问题是因为吉姆的领导风格。吉姆在管理上，只关注部门任务的完成情况，只要员工完成了任务，他不在意其他任何情况，甚至都不关心员工的成长。可以说，他是一位典型的私利追逐者，关注个人利益远胜于公司的发展和下属的成长。

吉姆的故事先告一段落，接下来我们完成一份调查问卷，进行一次自我测试：

· 你会鼓励并帮助他人参与你替自己选择的专业技能提升活动吗？

· 你会牺牲自己的时间培训他人，以便让其更好地胜任工作吗？

· 你是否在完成项目的过程中寻求过帮助，并在得到表扬的时候与帮助过你的人分享荣誉？

· 你是发自内心地愿意帮助他人建立自信吗？

· 遇到问题时，你会先寻找解决问题的方法，而非责备对方吗？

· 当有人带着问题来找你时，你会少说多听吗？

· 你会与周围的人分享新知识与信息吗？

· 你会为了帮助周围的人更好地做好手头的事情而寻找更多方法吗？

· 出现问题的时候，你承担责任的速度与程度，与你享受荣誉时的速度和程度一样吗？

· 你为他人做事的时候，是不求回报的吗？

如果你对上述问题给出的答案是"是"，那么你就是一名真正的建设者，意味着你在面对问题的时候，选择积极处理问题，从而为打造具备正能量的团队增加了可能性；倘若你的回答有一部分是"不是"，那你或许存在抑制自己的团队中的正能量的趋向；如果你的回答大部分甚至全部是"不是"，那么你就是一个地道的私利追逐者。而且，你甚至不曾意识到自己早已经给团队里的人带来了消极影响。

总之，不管你是一名建设者，还是一个希望有所改变的私利追逐者，最为可贵的是，你已经发现了问题，接下来就是解决问题，避免让你所在的团队陷入帕金森定律的泥潭。

针对吉姆的问题，老板请人力资源部门配合，在公司上层管理者中进行了调查，随后邀请了我的这位培训师朋友所在的公司为其中层管理人员进行培训。在培训期间，伴随着团体活动、个人成长等一系列活动的展开，吉姆慢慢意识到了自己的问题。要知道，他当年可是和老板一同打拼过来的，能力毋庸置疑。半年的培训活动结束后，吉姆身上发生了巨大的变化。他开始乐于倾听下属的想法，遇事征求下属的意见，并且在工作过程中及时反馈信息，让下属清楚当前的工作进展。最重要的是，吉姆变得宽容了，下属出错了，他虽依旧不袒护，但能机智、有原则地给予纠正，引导下属找到问题的根源，让下属获得提升。在吉姆不断改善管理风格的过程中，一支具有正能量的团队打造出来了，部门员工的面貌焕然一新。

管理者如何提升自己的领导力，打造一支正能量团队，从而让自己成长为一名建设者，而不是私利追逐者呢？

首先，管理者要给下属足够的安全感，关注团队中的每一个成员，为其工作创造一个和谐的环境。管理者要清楚，正能量存在于人的内心，无法被生产，也无法被强求，要打造一支正能量的团队，就需要团队的每一个成员都释放出内心的正能量。因此，管理者首先要创造一个有利于正能量释放的环境，让团队成员获得足够的安全感，对团队成员提出合理的要求，从而使之自觉迸发出珍藏在心中的正能量。

管理者要认识到，不同的团队成员在面对不同环境时，会有不同的反应，因此要借助各种主客观条件吸引团队成员，激发其内在热情，让其主动参与团队的活动，从而在活动中释放正能量。

鉴于此，领导者要为下属正能量的迸发创造好的环境，让其工作的空间里充满成长的养料，从而使其获得对环境的优先选择权，主动成长，进而迸发内心的正能量。

其次，管理者要提升自己的人格魅力，让自己成为一名出色的团队建设者。大量事实证明，只有团队建设者方能成功地打造一支拥有正能量、做事高效的团队，而追逐私利者却极少获得成功。这是因为，团队建设者能努力地培养下属，帮助下属进步或学会新的技能。他们心系团队，把团队的发展蓝图装在心中，并确定努力的方向。他们时刻思考着如何帮助自己及其他团队成员成长。相反，追逐私利者尽管也希望团队能够成功，但他们的出发点主要是为了实现个人目标，或许他们在某些时候会比别人先达到自己的目标，或许他们也会盯着团队的蓝图，但目的却是明确个人的发展目标。因此，当这样的管理者管理团队时，其团队的积极性就会降低。上述案例中的吉姆就是很好的例子。当然，或许有人会认为在这样的管理者的管理下，其团队的工作效率也同样获得了提高，但需要弄清楚的是，这种效率的提高是源于团队成员内心的恐惧，而非受到内心的正能量驱使。这种提升因为缺少了提高效率的动机，所以不可能持续，最终会让团队成员失去工作动力，使整个团队怨声载道。

由此可见，团队建设者在管理团队时，更多地借助于包容、激励、指导、表扬等手段，让下属获得提升，使之产生团队归属感，从而迸发出无限的正能量。而私利追逐者在管理团队时，更多的是用批评、指责来"鞭笞"他人，从而让下属不断品尝挫折与失败，进而丧失自信心，直至失去前进的动力。

身为管理者，若想打造一支具有正能量的团队，就要先从自己做起，做一名乐于付出、以身作则、不计回报的团队建设者，如此方能打造出一支具有正能量的团队。

任用比自己出色的人

在现实生活中，我们会发现一个现象：领导者往往喜欢任用那些比自己学历低的下属；在讨论工作时，他们也喜欢和学历比自己低或能力比自己差的下属在一起讨论，而不喜欢和比自己学历高或经验丰富的下属讨论。倘若恰好手下有学历和经验均超过自己的下属，且那人极其喜欢表现自己，那么大多数领导者会对其进行各种形式的打击，或为其升职设置重重障碍，或为其准备各种类型的"小鞋"，直至对方不得不卷铺盖走人。

出现这种现象的原因是什么？那就是领导者缺少容人之量，不敢起用比自己有能力的人。由此在人才运用上陷入帕金森定律的泥潭，采用了"武大郎式（指能力比自己弱的人）"的用人政策，进而导致团队战斗力差，工作效率低。

这是因为相当多的领导担心自己的下属过于"能力出众"，会将自己置于相对尴尬的境地，从而影响自己的威信，甚至影响自己的前程和发展。正是因为这个原因，他们或是在人才聘用上更多地任用一些与自己相似或者不如自己的人，或是在聘用人才后，采用各种方法和手段使对方臣服于自己。

凯恩在三十五岁时，经过艰苦打拼，终于创立了自己的公司。虽然公司只有二三十人，但毕竟是自己的公司，凯恩工作起来也格外用心，将重要客户都抓在自己手中，凡事都亲力亲为。

一段时间后，公司业务开展得很顺利，凯恩感觉自己有些力不从心，打算招聘一名销售总监。为此他委托某猎头公司帮自己物色合适的人选。接下来，猎头公司先后向凯恩推荐了几位销售精英。但奇怪的是，这几个人在凯恩的公司工作了三个月后都选择了主动离职，其中有一个竟然只跟凯恩进行过一次面谈。猎头公司的招聘专员因此很受打击，于是专门到凯恩的公司与其面谈，以了解情况。

一番交谈下来，这位招聘专员明白了，并不是自己推荐的人不合适，而是因为这些人无论在哪一方面，都或多或少地胜过凯恩。这让凯恩感到极度不安全，聘用的事最终不了了之了。

后来，凯恩终于找到了一位销售总监，这位总监的优点是肯听话，缺点是能力不足。结果就是凯恩比从前更忙了，除了忙自己手中的事情，还需要时不时帮这位销售总监救急。年底的时候，凯恩看着会计送来的报表，发现公司的整体利润竟然还不如上一年的。

为什么增加了人手，业绩反而下降了呢？其实根本原因在于凯恩在用人策略上出现了"武大郎式"的问题，一味地任用比自己差的人，结果出现了人才任用的恶性循环，进而影响了公司的业绩。

在管理中，一个处处提防能力强于自己的下属的管理者必定不会走太远，因为他更关心的是自己的地位受到的威胁，更多地关注自身的光环是否耀眼，而忘记了一颗星再亮，也无法和闪耀的群星相比。

这让我想到了美国南加利福尼亚大学名誉校长史蒂·B.桑普尔在《卓越领导的思维方式》中提到的"哈利规则"。依据这一规则，倘若一个企业最高领导者的综合能力仅为

90％，那么其将雇用相当于自己能力90％的人，也就是说这些人的绝对能力为81％。以此类推，那些绝对能力为81％的人所雇用的人的绝对能力就会降为66％。到了企业第四层，雇员的综合能力绝对值只有43％。

这一递减式的数据不但解释了上述案例中凯恩公司出现的问题的原因，也极其明确地提醒我们，作为一个领导者，如果不能任用比自己能力强的人，那么整个管理团队的综合能力将会下降。

然而在现实工作中，我很惊讶地发现，很多领导者并没有成功地避免这种人才任用情况，下属都成了"武大郎"，只是因为他们潜意识里不自觉地对那些比自己更聪明、更有学识的人才存在排斥心理。

俗话说，"一个好汉三个帮"，一个人要想成功并非一定要其本人足够优秀，重要的是要看他的周围是否有优秀的人才。而这一点，对于管理者尤其重要。因此，细数一下那些真正的成功者、真正优秀的领导，他们懂得欣赏比自己更有才华的人，并想办法把他们招募到自己身边。

苹果公司的史蒂夫·乔布斯，在管理、技术、运营、设计等方面或许不是最厉害的人，不过他的公司里却人才辈出，既有公关奇才里吉斯·麦肯纳，也有运营高手蒂姆·库克，还有设计天才乔纳森·艾。可以说，苹果能够在短短的几十年中发展成为世界上杰出的IT企业，并一度成为世界上市值最高的上市公司，是集体合作的成果。而这些优秀的人才之所以能聚在这里，原因就在于乔布斯的伯乐式的人才任用领导力。

不仅是乔布斯，现代商界中的许多传奇人物的成功，也源于他们伯乐式而非"武大郎式"的用人策略。比如柳传志，比如任正非，比如松下幸之助。松下幸之助在接受某记者采访时，面对"成为经营者的条件是什么"这一问题，给出的答案是，"善用比自己能力优秀的、和自己天分不一样的人才"。

由上面的内容可知，领导者要有任用比自己出色的人才的胸怀和气度。要勇于任用有特殊才能的人。诚如领导力大师约翰·麦克斯韦尔博士所说："一位领导者的职责不是无所不知，而是能够把那些能'知你所不知'的人才吸引到麾下。"正是由于这些人是"知你所不知"的人才，才恰好可以补你的短板，帮你将想法变为现实，帮你创造财富，助你成就你的梦想，助你实现你的目标，将企业推向成功。

提升人文力，打造好关系

所谓人文力，即关系力，就是成就事业所必须具备的良好的社会关系网。我们知道，人是社会的产物，一段成功的社会关系可以让我们做起事来事半功倍，相反，一段失败的社会关系或许会在我们做事的时候多出许多阻力和障碍，让我们举步维艰。

然而在现实工作中，一些人对于维护身边的各种关系并不在意，永远保持清高孤傲的态度，将维持好身边的关系看作一种世俗的处事态度。但他们忘记了，人生在世，要想过得愉快，就要处理好自己与身边人的关系。尤其是身为管理者，更要注意提升自己的人文力，处理好身边的各种关系，让各种关系为自己的管理助力，从而提升自己的领导力。

实际上，领导力就是一种关系。我们知道，身为领导者，要处理好与上下级之间的关系，要处理好公司与客户之间的关系，要处理好个人和公司的关系……凡此种种，无不需要提升人文力。

那么如何提升人文力，处理好周围的各种关系呢？我个人认为，这就需要我们清楚地理解人文力的含义，认识到人与人之间的关系是不一样的，明确提升的目标，进而在面对不同的群体时，采用不同的方式处理人际关系。这样才是智慧的做法。

人文力主要包括社会洞察力，服务意识，激励自己和他人的能力，以及团队协作能力，从而建立并维持好人际关系。

第一，培养社会洞察力。所谓社会洞察力，是指观察他人的情绪和反应，并由此改变自己的行为的能力。我们平时所说的察言观色，实际上就是这种能力。比如你正在和一个人聊天，对方突然一声不吭，情绪低落了，你却还在滔滔不绝，那么此时对方就会认为你只顾自己，不考虑他人的感受，或许就会慢慢疏远你。倘若你洞察力强，那么就会及时察觉对方的情绪变化，及时中止聊天，回忆自己说的内容，确定是不是自己的某句话中伤了对方，或是勾起了对方某种不好的回忆，接着再想方设法帮助对方解决问题，从而使之从不良情绪中走出来。这样一来，对方就会感受到你的关心和关注，自然愿意与你交朋友。

因此，身为领导者，就要注意培养自己的社会洞察力。当然了，洞察力的培养除了需要我们不断提升个人阅历之外，还需要我们在遇到问题时集中注意力去反复认真思考，从而做出正确的分析和判断。因此，平时不妨注意训练自己集中注意力思考问题、处理事物。于是，当我们接触的事物、处理的问题多了，一旦再遇到类似的事情，就可以瞬间明白其中的道理，看穿事情的"真相"。

第二，要提升自己的服务意识。所谓服务意识，就是能设身处地地站在他人的角度考虑问题，并且热情助人。一个人必须认识到，你帮助了别人，当你遇到困难时，别人也会很乐意帮助你，好的关系就是这么建立起来的。因此，管理者千万要避免自己陷于高高在上的心态中，要俯下身子，培养自己的服务意识，尤其是面对下属时，更要多考虑下属的感受，本着一颗服务的心，感其所思，明其所想，这样可以促进良好的上下级关系的形成，从而提升自己的领导力。

第三，要提升激励自己和他人的能力。管理者要认识到，激励自己和他人的能力，是一个人良好心理素质的体现，更是一个人身上具有正能量的体现，也是打造一支高效团队的重要能力。不过，我认为，想要激励他人，就一定要先学会激励自己。须知，会激励自己的人一般乐观自信，心怀远大理想。这样一来，就可以吸引他人。正所谓"你处在什么样的圈子，你就是什么样的人"，只有成为一个发光发亮的太阳，才能吸引一群向阳的人，才能给他们光芒和希望，才能在照亮他人的同时，也照亮自己。

第四，团队协作能力。我在第二章就谈过，在如今这个社会，一个人单打独斗是行不通的，管理者只有学会与人合作才能胜任，才能走得更远。这就要求管理者要提升自己的团队协作能力。

总之，当管理者提升了以上各项能力，其人文力自然可以得到提升。由此就可以如鱼得水地处理不同的关系，从而为自己的管理加分。

让自己成为"能下金蛋的鹅"

一般来说，团队的领导者可能不是最有能力的那个人，但一定是最善于与人合作，能体谅包容别人的那个人。而与人合作，体谅包容别人，也是卓越领导力的表现之一。

中国古代哲学家荀子曾说："人，力不若牛，走不若马，而牛马为用，何也？"意思是虽然人的力气比不上牛，跑动起来比不上马，但牛马都为人们所用。我认为这句话道出了卓越领导力的突出特点，那就是能与不同的人合作，协同一切可以协作的力量，为企业的发展做出贡献。

具有这种卓越领导力的人，深谙比尔·盖茨所说的"一个人永远不要靠自己一个人花100%的力量，而要靠100个人花每个人1%的力量"这句话的含义，因此愿意且积极与比自己有才华、有能力的人共事。他们以拥有这样的上司或下属而骄傲，为能与这样的人共事而感到高兴，因为在他们看来，这样的人是促使自己成长的良师益友，自己能从这些比自己优秀的人身上吸收各种营养，快速成长。

论学历，杰克在公司里绝对不是最高的，仅仅是本科生；论专业技术，他也不是公司里最好的；论资源，他不是公司里人脉最广的人。然而就是这样的一个人，竟然在这家大型企业里，一直稳坐管理之位。许多人对此不解，但当他们与杰克合作一段时间后，就不由得连连赞叹杰克的情商之高、领导力之强。

杰克的聪明表现在他可以与不同的人合作，可以整合身边的多种资源，包容性极强。比如单位的司机小王因父亲生病住院，到了山穷水尽的地步。杰克知道这一情况后，不但慷慨解囊，而且主动将自己的医生朋友介绍给小王。技术员小张为人清高，但杰克总愿意接近小张，请他帮自己处理电脑问题，一来二去，小张也愿意与杰克聊天，帮杰克做事了。后勤部的张总傲慢不逊，许多中层领导都与他合不来，但杰克每次见到张总，都笑容满面，与他恰到好处地交谈。就是这些不同的人，在杰克的协调下，完成了公司一个又一个项目，而且在工作中各显神通，有力的出力，有资源的找资源，有技术的献技术。

著名领导力大师沃伦·本尼斯说过："一个领导者要想迅速没落，最快的办法就是让自己被一群应声虫包围。"而这句话也被美国圣塔克拉拉大学教授詹姆斯·库泽斯和巴里·波斯纳的研究所证明。这两位研究者在《留下你的印记》一书中提到了一项研究成果：当每个人都表示同意时，尤其是为了顾及大家的面子而表示同意时，我们就不可能得到最好的结果。为了证实这一论点，项目组的研究人员组织了50组学生模拟凶杀探案。他们发现这些人当中具有多元社会背景和经验的人最有可能破解案件，而由类似背景的人组成的小组不仅容易出现错误，而且更容易坚持错误。

这一科学研究成果证明了沃伦·本尼斯的观点，告诉我们：倘若一个人的身边总是聚集着一帮仅会随声附和的人，那么这个人做事的失败率会升高。

然而在现实生活中，太多的管理者喜欢处于他人的追捧之中，很容易因为他人的赞美而忘乎所以。而这让他们极难超越自己，也不愿意听到自己的身边出现不和谐的声音。为此，就出现了我在前文所说的"武大郎式"的管理者。所以，那些极具包容之心，可以与不同的人合作的领导者真的是令人佩服的杰出管理者。

这些杰出的管理者愿意聘用比自己更聪明、更有能力的人，也愿意聘用那些喜欢与自己"唱反调"的人，因为他们清楚，尽管这些"反对的声音"会让自己"不舒服"，却可以让自己保持一份难得的清醒，以免自己做出错误的决策，引发巨大的灾难。

王石对待万科前高管冯佳的方式，就体现了一位卓越的管理者的包容性。冯佳原是西南财经大学的一名硕士生，20世纪80年代以才子的身份进入万科。冯佳长得一表人才，但平时却总是喜欢和别人对着干，什么意思呢？那就是他喜欢正话反说，别人说黑他就说白，别人说红他就说绿。在高层管理人员讨论项目时，大家都相当看好的项目，他一定说不好；当大家一致认为该放弃某个项目时，他又坚持主张不放弃。

就是这样的一个人，却在王石的包容下，得以在万科这家大公司里"三进三出"。而其中的原因就是在管理者王石的心目中，冯佳就是现代企业管理中的"鲶鱼"，他可以让企业的决策者听到不同的声音，让决策更科学。

一个聪明的管理者知道，就算自己很聪明，也很有能力，但每个人都有自己固有的思维模式，肯定也有自己的知识盲区和能力盲区，倘若能包容他人，就可以让自己身边多几种不同思维，就可以让自己看到问题的另一面，就可以发现自己思维上的盲点，从而让自己做出更正确的决策。

美国著名企业家李·艾柯卡在《什么是真正的领导》一书中说："我在商界所学到的最重要的教训就是，如果你的团队只有一种意见——而且通常就是你的意见，那你就应该警惕了。毕竟，你不用花一分钱就可以知道自己的意见，何必花那么多薪水聘请一群和你意见一致的下属呢？"因此他和王石一样，总是在身边保留一些"异己分子"，以时刻提醒自己。

当然了，有才华的人都有脾气，因此卓越领导者的领导力就表现在不但能找到身边的不同人才，而且能很好地驾驭这些人，让他们与自己的团队保持相同的价值观，进而使自己成为杰克·韦尔奇所说的"一只能下金蛋的鹅"，而不只是"一只会叫的鹅"。

拔除嫉贤妒能的倒刺

　　朋友方元在一家公司做销售主管。因为业绩突出，半年前升为销售副总监。方元是从底层做起来的，深谙激励员工的方法，因此经常提出一些极好的点子，又愿意和员工聊天，深得员工的喜爱。在他升任副总监后，和总监李强通力配合，员工的工作积极性得到激发，公司的销售业绩也越来越好。后来，总监李强到国外进修，公司又下派了一位叫高勃的总监。高总监是一个嫉妒心很强的人，他认为方元在公司里根基深，业务水平比他高，自己新上任，在公司里就相当于被方元给架空了，这会严重影响他的威信。于是，高总监在工作中经常搞小动作，让方元的工作无法顺利进行。

他还经常找借口让方元出差，并在方元出差期间提拔了一批对他言听计从的人到重要的销售岗位。这样一来，公司里人心不稳定，不少能力强的业务人员干脆跳槽到其他公司去了。结果到了年底，公司的销售额下降了9%。

在现实生活中，类似于高总监这样的管理者并不少见，我就经常听到身边的朋友抱怨自己遇到了嫉贤妒能的上司，义愤填膺地控诉上司对自己的不公正待遇。

事实上，人们都不同程度地存在着嫉贤妒能的心理。从心理学角度分析，这是人际关系中个体极易存在的心理现象。就本质而言，这种心理就是指极力将他人的优越地位加以排除或破坏，从而消除自己担心他人超越自己的恐惧心理。在人类的七情六欲之中，这是一种相对较顽固、持久的心理。因此撒克逊·丹尼说："嫉妒心是不知道休息的。"

从某种意义上讲，嫉妒是推动竞争的一种原动力。它会促使人不断提升自己，不断进步。这是因为就本质而言，每个人都或多或少存在自恋心理，每个人都是希腊神话中那个爱上自己水中倒影的美少年纳喀索斯。因此，在人际交往中，我们往往都先专注于自己的成功。倘若自己没有获得预期中的晋升、表扬或奖励，但是他人却获得时，我们就会感到担忧，由此产生嫉妒心理和不安感。

在大部分时候，这种感觉并非坏事，甚至会激励我们更加努力地工作，以改善自身的现状。这正如小孩子一旦发现妈妈夸小伙伴的画画得比自己的好，就急忙拉着妈妈看自己的画一样。不过要注意的是，一旦这种心理的程度加重或扭曲，就会对自己和他人造成困扰。

就像我的朋友所在公司的高总监，他的嫉贤妒能心理不但伤害了他人，损害了公司的利益，实际上也伤害了他自己，因为作为销售总监，是要对公司的销售业绩负责的。

当今社会是一个协作的社会，要求团队成员具备协作精神。一个管理者一旦存在嫉贤妒能心理，就会成为团队合作中的一大障碍。这种心理会在团队内部形成一种内耗症，分散"合力"的凝聚力，削弱团队的战斗力，耗尽团队成员的精力，最终"人心散了，队伍不好带"了。相反，一个真正成功的管理者，总能以宽宏的心胸对待身边的人，发现并包容人才，在助他人获得成功的同时，也让自己获得成功，这并不是因为他们没有嫉妒心理，而是他们能利用这种心理机制，清楚地认识到，最好的提升来自与自己的竞争。

　　美国加利福尼亚大学的教授查尔斯·加非尔德在关于成功因素的调查中发现，那些成功者的身上都具有一些共同特点，与自己竞争而不是与他人竞争是其中重要的一点。这些人总是与自己比较，尽自己所能将事情做好。他们喜欢集体协作，懂得集体的智慧才是解决棘手的问题的灵丹妙药。他们极少去考虑如何将竞争对手打败。因为他们清楚，一个总是怕他人超过自己的人，就会将精力过多地放在他人身上，过分关注得失。而一个人一旦得失心过重，就只会人为地替自己设置成功的障碍，这样怎么可能获得真正的成功呢？

　　因此，一个具有高超领导力的管理人员，清楚嫉贤妒能会有意无意地导致破坏性行为，深知团队里的某个人成功代表的是团队的成功，因此他们能站在组织层面思考问题。当然，管理者也是人，也有人的情绪情感。他们一旦意识到自己产生了嫉贤妒能的情绪，会在认同并接纳自己这种不良情绪的同时，让自己的心态保持平衡，同时提醒自己这种情绪情感的危害性，意识到它会对自己的管理工作产生极大的负面影响，进而调整自己的情绪，以积极的态度对待手下的贤能，为他们提供施展才华的平台，从而提升团队的创造力和工作效率。

　　如何让自己的心态保持平衡呢？我认为，首先，管理者要抛开那种高高在上的认为下属一定要不如上司的固化心理。实际上，每个人的能力不同，擅长的事情也不同，倘若管理者认定下属一定要不如自己，那么这种管理心态就会借助于管理行为变成团队的一种理念和文化，从而陷入帕金森定律的泥潭，出现每一级的管理者都只愿意管理不如自己的下属，进而让团队的基础越来越薄弱，最后造成真正执行的员工是团队里能力最差、经验最少的人。如此一来，团队就无法在激烈的竞争中得以生存。

　　其次，管理者要培养自己的大格局，要认识到自己的下属超越自己，属于"雏凤清于老凤声"，下属的出色正说明了自己的能力，培养出优秀的下属可以为团队带来更好的效益。同时，管理者要勇于承认下属在某些领域的确是超过自己的，要对他们的超越精神予以鼓励和认同，要对他们的成果加以利用。这样的做法，一方面会让下属获得成就感，自我价值得到肯定，另一方面，可以提升团队管理效果，让团队成员意识到优秀的人才是能得到认可的，从而争相提升自己的能力，以积极的态度投入提升能力和业绩的努力中。这才是管理者拥有领导力的体现，也是管理者塑造自我管理形象、提升管理成效的机会。

最后，我要提醒管理者的是，一旦发现自己存在嫉贤妒能的心理，就要注意从多方面加以克服。比如像上文提到的那样，充分认识到嫉贤妒能对于团队的危害，同时要认识到自身的长处在管理，而不必与下属在某一领域一比高低，积极发挥自己的优势和长处，恰当地对待自己的短处，而不是讳疾忌医、文过饰非，要以更加开阔的胸襟对待下属，进而获得下属更多的尊敬。

提升信任力，让下属追随你

我发现，领导者赢得下属的信任是下属愿意听从其指挥的前提。因此于管理者而言，提升信任力，就可以获得更多下属的追随，避免陷入帕金森定律所说的管理陷阱。

何为信任力？直白地说就是获得他人信任的能力。在人际关系中，信任是相处的基础和前提，缺乏信任，人与人之间就很难建立起联系，更谈不上相互合作。因此，信任是团队合作的基础，而信任力，则是领导力的体现之一。

三年前，年迈的父母选择去海南生活。然而，从父母的住处到机场是一段很长的路，且交通不便利。于是，选择一个合适的出租车司机就成了我最为关心的问题。

在朋友的介绍下，我先后认识了司机Ａ和司机Ｂ，两人对于可以经常合作都表示相当欢迎。交代好相关事宜后，我先试了一下与这两人的合作。一次是我离开海南时，专门请Ａ在当天清晨五点多接我。提前一周和Ａ说好后，我就专心地忙手中的事了。

很快，离开的日子就要到了。为了避免误机，我提前一天和Ａ司机打电话确认。结果Ａ在电话中先是声称太早了，能否晚些，接着又问能不能提高价格。我旋即明白了这是一个不可信任的人。对我都这样，更别说年迈的父母了。于是，我回绝了对方，又抱着试试的心态给司机Ｂ打了电话。没想到，电话接通后，司机Ｂ直接就问我什么时候去接我，多余的话没说，更没有提到价格的问题。我很意外，但内心十分感动。

次日一早不到五点，我就在小区前等到了司机Ｂ。在交谈中我获知，与他合作的人相当多，而价格都一样。他说都是来养老的老人，或是送老人的孝顺子女，价格说定了就要遵守，不能到用车高峰就抬价，这是做人的本分。不知不觉间，我就到了机场。下车后，我就登机离开了。

在后来的日子里，无论是父母离开海南，还是我去海南，甚至亲朋好友到海南玩,用车时我第一个想到的就是这位司机B。几年下来,我们建立了很好的合作关系,甚至最后我不问价,他不提钱,双方微信付费,轻松完成交易。我相信他一定不会突然提高价格,因为我对他充满信任。

其实,管理中的信任就是这样。上司和下属是合作关系,双方从生疏到熟悉再到和谐,在工作中渐渐地融合,浑然一体,最后你中有我,我中有你,才能共同努力,完成既定目标。倘若下属无法信任上司,上司对于下属的工作又怎能放心呢?同样,倘若上司不信任下属,又怎么敢将任务放心交给他呢?

所以,成功的管理者要想提升工作效率,打造卓越的团队,最重要的就是要获得下属的信任,让他们甘愿追随自己。

2010年,因为矿井坍塌,33名智利矿工被困在了700米深的地下。这一困就是漫长的69天。为了解救出被困矿工,智利政府组织了一支由世界各地不同职业的人组成的救援队。

经过不断的努力和沟通,在事故的第17天,矿工们爬到了一个提前设计好的小型避难所,那里有专门输送食物、药品的切口。这样一来,就为救援人员争取了更多的营救时间。最终，经过救援人员的共同努力，终于成功地将矿工们营救了出来。

如此复杂的临时性团队，队员又是不同职业、不同文化背景的人，这支救援队的领导者是怎样推动团队成员进行合作的呢？后来调查发现，这个团队的领导者为人谦逊且对事物充满好奇，同时又敢于承担风险。在他们的心目中，要解决这样一个"无解的问题"，重要的是各方力量的合作和信任。于是，他们以谦虚的态度倾听来自各方的声音，并勇于扛起可能出现的责任。可以说，正是他们的这种信任，才聚集了人心，凝聚了力量，最终找到了解决方案。

由此可见，身为管理者，要提升自己的信任力，首先要有谦虚的态度，不刚愎自用，虚心接受属的意见和建议，从而为自己和下属之间打造一条沟通的渠道。

其次，管理者要想提升自己的信任力，还要注意让自己成为给予者和索取者之间的平衡者，为团队营造公平、公正的氛围。

沃顿商学院教授亚当·格兰特在提到信任问题的时候，认为一些团队成员合作能力差，彼此互不信任、猜忌成风，原因就在于团队中存在着太多的索取者。

在他看来，索取者就是那种只想着尽最大可能从他人身上攫取资源的人。这些人平时不务正业，不努力工作，做事拈轻怕重，不愿意承担责任，不愿意付出，只想在团队取得成绩后分享成功和红利。与这种人截然相反的是给予者。给予者乐于助人，愿意提携后来者，喜欢与他人分享，工作十分勤奋。

但一个团队里不可能都是索取者或给予者，因此介于索取者和给予者之间的平衡者就相当重要。管理者就是这种人。管理者要尽力在两种人之间维持付出与回报之间的平衡，创设一种公平的氛围，从而让团队成员的付出和所得得到平衡。

在自然界里，狮子号称"丛林之王"。而在狮子的小团体里，最有力量、最强壮的狮子才是狮王。就本质而言，人类团队中的领导者就是狮王，对内既要能协调，对外也要能冲锋陷阵，这其实也是一种平衡者的角色。因此，领导者要提升自己的信任力，不但要促使索取者下属发挥自己的能力，勇于担责，还要为给予者下属提供仰仗和动力，进而让团队的每一个成员都能各司其职、各尽所能，找到自己的价值和位置。

斯蒂芬·科威在《信任的速度》一书中详细地论述了信任之于管理的重要作用。他通过实地调查发现，更高的信任水平会提升生产效率，节约大量成本。而这里所说的"成本"，主要包含人际交往成本、互动关系成本，以及谈判与交易成本。因此，倘若你想提升你的管理水平，发挥管理的实效，那么就不要忘记提升自己的信任力。

第四章

为什么该做的事总是无法完成

帕金森定律之时间法则

最忙的人最能找出时间

我之所以用这句俗语作为本小节的标题，一方面是因为有感于它反映了帕金森定律道出的个人效率管理出现差异的原因，另一方面是因为它可以将我身边的诸多人在时间管理方面的状况精确地概括出来。

李飞和王林是同一家公司的员工，但他们二人在公司的状态却截然相反。李飞特别能干，是老板的得力干将，每天管理着公司里大大小小的事情，大家戏称他是"超人"。就是这样的一个人，无论这一天有多么忙，他都能将事情安排得极其妥当，而且每周还能抽出时间去健身房运动，因此总是一副精力充沛的样子。相比李飞，王林在公司的财务部工作，平时朝九晚五地工作，只在月末的时候忙碌一阵子，生活相当安逸。

公司在老板的用心经营下，不断发展壮大。随着公司的壮大，李飞手中的事情也越来越多，不过这并没影响到李飞的状态，无论老板给他增加了多少任务量，他总能有序地处理好，每周三次的健身也没受到影响，除了人瘦了些，仍保持着最佳的状态。在财务部工作的王林就不一样了，他整日忙得不可开交。因为销售地区的扩大，代理商人数的增加，财务部的工作越来越多。这让习惯了慢节奏生活的王林特别不适应，他不断打报告要增加财务部的人员，财务部的人员也由开始的四个人，变成了八个人，甚至在上个月变成了十二个人，但王林仍旧觉得自己手中的工作处理不完。从前可以按时下班，周末还可以约上三五好友喝个茶，钓个鱼，如今可好，除了工作日要加班，周末也要加班，时间真是不够用呀！

李飞和王林同样要面对手中任务的增加，为什么一个能保持生活的稳定，并抽出时间健身，另一个则疲于工作，生活变得乱七八糟，以致连与朋友小聚的时间都没了呢？

这其实与个人处理问题的能力和时间管理能力有关。

而这种区别，正是高效能人士与低效能人士的区别。

奥巴马身为美国前总统，要处理的事务必定非常多，但奥巴马不但可以将手中繁忙的工作处理好，每周还坚持至少六天的体育锻炼，每次锻炼时间不少于四十五分钟；潘石屹身为全球知名企业家，每天不但要对公司的重要事务进行决策，还要时不时参与重要的项目会谈，参加高层董事会，要处理的事情可谓多矣，但他不但能灵活处理企业管理的相关事情，还能让自己有时间打球、跑步，享受生活的乐趣。

这些人的身上有着一些共同的特点，那就是时间管理能力极强，总能将时间分配得恰到好处，从而提升自己的工作效率。他们和上文中的李飞一样，被称为高效能人士。

高效能人士在时间管理上的最突出的特点就是总能抓住关键环节，因此手中有再多的工作也能处理好，进而做到科学利用时间，做到了就算再忙也能找出空余时间。那么，他们是如何做到这一点的呢？那就是巧妙利用好碎片化的时间。

所谓碎片化的时间，就是指那些没有安排任何工作、未被计划的时间。这些时间零散而无规律地存在于我们的生活中，极易被人忽视。但倘若我们加以科学利用，就可以提升工作效率。

某位运营高管，面对紧张的工作和有限的时间，始终牢记赫胥黎说的："时间最不偏私，给任何人都是二十四小时；时间也最偏私，给任何人都不是二十四小时。"为了高效工作，充分利用时间，他可谓分秒必争。比如利用中午吃饭的半小时回复用户的留言和建议；排队的间隙，平时坐车时，查看最新的互联网资讯，然后将有价值的内容收藏到印象笔记，晚上回家再对收藏的知识整理、复盘，形成自己的全新认知……正是如此科学地利用了碎片化时间，他才保证了在千头万绪的工作面前没有手忙脚乱。

要想利用好碎片化时间，我们首先就要找到这些时间。一般来说，碎片化时间常存在于我们不曾意识和发现的工作或生活场景中，比如每天用手机刷微信朋友圈或微博的时间，与朋友聊天、玩游戏或追剧的时间，上班或下班等车的时间，排队就餐或购物的时间……这么一分析，我们的碎片化时间可真不少。

能充分利用好这些碎片化时间，这就是高效能人士的过人之处。须知，每个人每天都有二十四小时。但在这二十四小时里，不同的人却做了不同的事情，取得了不同的效果，原因就在于对那些看似不起眼的碎片化时间的利用不同。诚如伟大的文学家、思想家鲁迅先生所说："哪里有天才，我是把别人喝咖啡的工夫都用在了工作上。"

因此，我们不妨回忆一下自己每天做过的事情，细细分析一下我们都浪费了哪些时间。找到后，我们就向高效能人士学习，将这些时间充分利用起来，以提升自己的办事效率和能力。

第一，倘若你有坐车听音乐、刷微博或玩游戏的习惯，那么不妨试着用这些时间听一听能提升个人能力的节目，比如外语节目等，听一听他人的成长经验、学习经历和工作心得，必定能从中获得一定的启发，可以更好地工作或学习。

第二，不妨随身携带一本小巧的纸质书，利用坐车或在餐厅等位的时间看看书；或是购买自己想看的电子书，在这样的时间看书，也是一个极好的提升能力的机会。

第三，随身带一个便携笔记本，将当天的工作记录在上面，可以利用碎片化时间处理一些不太重要的事情，比如了解某项工作是否安排下去了，查一查邮件是否及时处理了。

还可以利用碎片化时间完成适当的运动，如拉伸运动、扩胸运动，达到锻炼身体的目的。

当然了，碎片化时间的利用，要根据碎片时间的长短、目标、当前的身心状态、要完成的事项来进行调整，以取得最佳效果。

管理时间，就是管理自己

上高中的时候，我们班里的一干人，包括我在内，对一位同学真是羡慕嫉妒恨，原因是这位同学是个学霸，平时又特别能玩、会玩。我在此暂且称他为J吧。

J是转校生，刚开始谁也没把他放在眼里，只是感觉这个同学特别能玩。当时大家都是住校生，每天恨不得将一天的时间拆分开，变成两天或三天来用，做完数学题做物理题，背完英语单词背古文诗词，总之就是学个不停。但J和大家不一样。

你瞧，下课了，别人忙着讨论问题，他却和那些体育特长生凑在一起，打篮球，踢足球。放学了，大家抓紧时间去食堂吃完饭，然后三步并作两步赶回教室接着学，但J却先到操场散会儿步，偶尔还拉着志同道合者聊会儿天。晚上呢，别人回到宿舍好歹也得多学会儿，他可好，晚自习一结束就回到宿舍洗洗睡了。反正一句话，J在规定的学习时间内没耽误功课，在规定的学习时间外也没人看到他学什么。

就是这样的J，学习成绩却一直名列前茅。看着人家该玩的玩了，该学的学了，真是让班里的同学不得不佩服。

实际上，如今回过头看，J能比我们这些争分夺秒学习的同学学得轻松，成绩还好，除了学习方法的问题，我认为他还做到了把有限的时间管理得非常好，一句话：时间管理成就了他的好成绩。

席勒说，"时间的步伐有三种：未来姗姗来迟，现在像箭一样飞逝，过去永远静止不动"。时间来去匆匆，从不停步，它是一种重要的资源，却无法开拓、积存与取代。科学地管理好时间相当于丰富自己的生命，而不能管理好时间无异于浪费生命。

从前看过一个寓言故事，说的是一个商人买了一幢花园别墅。一天，他无意中发现一个人从他的花园里扛走了一只箱子。他悄悄地跟过去，发现这个人将箱子丢到了城外的峡谷中。商人带人冲上去，发现峡谷里丢满了这样的箱子。商人命人将这个人抓住，问他从自己的家里偷走了什么东西。这个人打量了商人一番，告诉商人，箱子里是商人虚度的日子。商人不明白，这个人告诉他，虚度的日子就是他白白浪费掉的时间。后来，商人苦苦哀求这个陌生人把他虚度的时间归还给他，他愿意付出任何代价，但陌生人告诉他，逝去的时间是无法追回的。

这个故事极其形象地说明了时间之可贵，倘若不利用好自己的时间，那么终有一天会愧悔万分。它也从侧面强调了管理时间的重要性。我们无法延长自己的寿命，但我们可以好好利用属于自己的时间，养成科学管理时间的习惯，成为高效能人士，从而增加生活的密度，让有限的生命拥有更多的内涵。

那么，我们该如何管理时间呢？相当多的商界人士用自己的实践告诉了我们管理时间的科学方法。比如张瑞敏的一日一清的时间管理法，就是要求自己当天的事情当天完成，每天及时完成当天的工作任务，从而发现自己在时间管理上是否存在不足之处。这种方法以目标管理为宗旨，将时间和自己的目标联系起来，从而在管理时间的同时，提升工作或学习的效率。

时间管理背后蕴含着怎样的心理学原理呢？实际上，从心理学的角度分析，管理时间的本质就是管理自己。

一般来说，个体对于时间的感知属于感知觉中的时间知觉部分。这种感知以时序知觉、时距知觉和时间点知觉三种形式存在。其中，时序知觉是从事件发生的前后顺序来感知时间的存在；时距知觉是从空间距离和时间距离的角度来感知时间的存在，空间距离是指事件的起止时间，时间距离是指事件持续的时间；时间点知觉是指事件发生的具体时间。时间管理的本质就是对以上三种时间的知觉进行管理。

具体来说，人是依靠视觉、听觉、触觉感知时间的差别的，比如，你今天在北京坐飞机到了纽约，等你下飞机后，你从目之所见、耳之所闻就可以判断时间的变化。所以，要想管理好时间，让一天的时间发挥最大的功效，就要注意掌握好影响时间知觉的要素。

第一，在时间管理上，要注意利用不同的感觉通道对时间的感知差别，有选择地对时间进行管理。比如，一个人沉迷于游戏，浪费了太多的时间，那么就不妨利用视觉和听觉对时间的感知进行管理：设定好打游戏的时间，时间到了，铃声就会响起，这时候就强制自己停止打游戏。

第二，依据个体对事件的感受对事件进行排序，从而提升个体处理事件的效率，进而管理时间。研究表明，在一定时间内，发生的事件越多，性质越复杂，人就越倾向于把时间估计得较短；而发生的事件越少，性质越简单，人就越倾向于把时间估计得较长。举个例子，倘若一位编辑手中有好几本稿件要审，他会感觉时间过得较慢；倘若将审稿和设计封面、与作者沟通等事情穿插在一起，那么他就会感觉时间过得较快。因此，不妨将手中的事情进行适当的整合和编排，避免浪费不必要的时间。

第三，依据个体的情绪体验和兴趣管理时间。这是从个体对时间的主观体验方面进行管理的。比如，人们在做自己喜欢做的事情时，通常感觉时间过得很快，如看自己喜欢的某部电影；而在做自己不喜欢或厌恶、憎恨的事情时，则感觉时间过得很慢。因此，不妨从情绪和兴趣的角度入手，将喜欢和不喜欢的事情巧妙搭配，从而提升工作效率。

　　总之，时间管理是一件相当有价值的事情，要成为高效能人士，掌握好管理时间的方法尤其重要。不妨在平时的工作和生活中多从以上三个方面入手，管理好自己的时间。这样的话，工作或学习的效率自然会得到提升。

掌握你的时间管理原则

　　L是一家大型房地产开发企业的设计部总经理，公司总裁前两天刚组织召开了一个新项目论证会议。会议甫一结束，L就拿着一大摞文件匆匆忙忙地跑回自己的办公室，一边仔细地阅读文件，一边在笔记本上写着要点。过了一会儿，L又拿着文件和笔记本冲出办公室，快速地走进设计办，来到W的办公桌前。W正在忙着做另一个相当紧急的项目的设计，他已经为此数周没休息了，现在整个设计任务刚刚进行到一半。L把文件往W的桌子上一放，打开笔记本，开始向W讲解新项目的设计要求。

　　讲完之后，W刚想问什么，L挥挥手，"不带走一片云彩"

地拿着资料就往外走，还边走边叮嘱W抓紧时间先做这个项目的设计。望着L的背影，W无奈地放下手中的项目，开始思考新项目的设计。他刚看没多久，同事J回来了。J说自己进来时遇到了L，看起来风风火火的，问是不是又给了什么新任务。W无奈地摊开手，让J看新的设计任务。J瞪大眼睛，怪叫一声："这么多任务，我们应该怎么处理啊？"

不知道你有没有遇到过同样的事情。我就曾体验过诸多事情一股脑地涌来时的手忙脚乱。那么，如何在有限的时间里协调好手中的事情呢？这正是对我们的时间管理能力的考验。

对于任何一个渴望获得成功的人来说，有效利用时间正是有效地达成个人目标的重要条件。正是基于这种认识，高效能人士才认为时间管理的实质就是让一个人形成一种管理时间的习惯，而正是这种习惯，帮助一个人获得了成功。从这个角度分析，倘若一个人想获得成功，就必须养成管理时间的习惯，即做好以结果为导向的目标管理。

比尔·盖茨能成为世界首富，与他能有效管理时间有很大关系。他尽量简化自己的工作，以"抓大事，放小事；抓正事，放杂事；抓要事，放闲事"三原则来安排自己的工作。

他们的成功告诉我们，工作是永远做不完的，重要的是你想得到怎样的结果，而这一结果与你对时间的管理密不可分。因此，时间管理的本质不是管理时间，而是管理事情。要形成时间管理的习惯，其实从本质上来说是要养成管理好事情的习惯。而要管理好事情，重要的是要掌握管理的原则，即做事的顺序和方式。

什么样的做事顺序和方式利于我们更好地利用时间和管理时间呢？那就是从重要的事情开始做起，把间隙的时间留给其他事情，即要事第一。那么具体如何实施呢？先来看一个故事。

舒瓦普是伯利恒钢铁公司的总裁，他工作繁忙，导致管理公司效率低下，因此求助于效率专家艾维。舒瓦普对艾维坦诚自己对公司当下的管理相当不满意，但是不知道从何处入手，如何去做。艾维对舒瓦普说自己可以帮他将钢铁公司管理得更好，但条件是舒瓦普要按他的要求去做。

接下来，艾维让舒瓦普在一张白纸上写下明天要做的六件重要的事，并按每件事对于舒瓦普及其公司的重要性进行排序，再标上序号。随后，艾维要求舒瓦普将这张纸放在口袋里，第二天清晨拿出来，按上面所写，先处理第一件事，其余的事不管。等第一件事办完后，再用同样的方法处理第二件事、第三件事……以此类推，直到下班。

艾维叮嘱他每一天都要这样做，并让他公司的人也这样做。坚持数周后，倘若有效，再向其付费。

舒瓦普按艾维的要求实践，果然收到了很好的成效。而他也如约将一张两万五千美元的支票寄给了艾维，同时附上一封感谢信，在表达感谢之情的同时，说这是自己一生中所上的最有价值的一课，因为它教会了自己先做重要的事情，以及每次只做一件事。

五年后，按先做重要的事情的原则管理时间的舒瓦普将自己的这间小钢铁厂经营成了一家大型的独立钢铁厂。这期间，他借助于艾维推荐的这一时间管理方法获利超过一亿美元。

在这个故事中，艾维教给舒瓦普的时间管理方法就是重要的事情优先原则，即艾维·利时间管理法。这也是每个人管理好自己的时间的首要原则。

下面，我将这一方法的使用步骤概括如下：

第一步：在一张白纸上写下自己明天要做的六件最重要的事。

第二步：按事情对于自己的重要性进行排序，并依次标上阿拉伯数字。

第三步：第二天，先做最重要的那件事，直至达到自己预期的目标。

第四步：随后按同样的顺序和方法做第二件事、第三件事……

第五步：坚持每天都这样做，直至养成习惯。

在很多时候，我们做事无效率，让时间悄悄流逝，最重要的原因是我们没掌握管理时间的原则，因此与其在有限的时间里，眉毛胡子一把抓，不如牢记时间管理的原则：先做最重要的事情，每次只做一件。如此一来，我们就可以分清事情的轻重缓急，从而提高自己的工作效率。

洛威茨在《麦肯锡思维》一书中写过这样一句话："从重要的事情开始做，然后再做其他事情，这就是做事情应该的次序。"这句话和艾维·利时间管理法一样，都向我们强调了时间管理的重要原则：要事第一。

合理计划，科学设限

实践证明，目标的实现，并非一蹴而就。它需要一个过程，这个过程或是漫长的，或是短暂的，但无论如何都是一步一个脚印不断累积起来的。正是在达成一个一个目标的过程中，我们才一步一步走近成功。因此，这一个一个的目标就成为成功路上的里程碑、停靠站。如果我们在出发之前，清楚自己前进路上有多少个"站点"，那么我们就会在每一次到达"站点"时，对成功充满信心。相反，倘若我们无法预知自己面对的"站点"的数量，就极有可能在最后丧失达成目标的信心和勇气。

1952年7月4日清晨，美国加利福尼亚海岸起了浓雾。

此时，在距海岸以西21英里①的卡塔林纳岛上，43岁的费罗伦丝·查德威克正准备从太平洋游向加利福尼亚海岸。

冰冷的海水冻得费罗伦丝身体发麻，加之雾太大，她几乎无法看到护送她的船，但她一直坚持游着。5个小时后，她又累又冷，产生了放弃的念头，于是发出了信号。但她的母亲和教练告诉她，很快就到海岸了，再坚持一下。她向加利福尼亚海岸望去，所见只是浓浓的雾气。最终，在又游了一会儿后，她放弃了。

当她被人们拉上船后，才知道自己距离加利福尼亚海岸只有半英里的路程了。

事实上，费罗伦丝之所以放弃，并非因为疲劳，也并非因为寒冷，而是因为她在浓雾中无法看清目标。

这个故事说明了做任何事情都要有一个合理的计划，如此方能顺利地达成目标。

一项关于消费者心理学的研究表明，目标越明确，弹性空间越少，或许越能够有效地实现目标。而神经系统科学研究表明，为了实现目标，人的大脑会将神经递质多巴

---

① 1英里 ≈ 1.609千米。

胺当作内部导航系统使用。而动物研究也表明，大脑获得的多巴胺信号越强，目标就越近。

由此可见，在进行时间管理时，科学地设定目标，可以激发人体实现目标的主动性，因为在一个一个目标的实现过程中，人会因为目标的实现而兴奋，进而产生更多巴胺信号，从而令目标的实现更具可能性。

那么，如何设定目标才能发挥目标的作用，从而实现科学的时间管理呢？这其中重要的前提就是目标必须具体、可实现，而且目标必须科学设限。如此，才能在一步一步推进中，在实现每一个短期目标的过程中，实现最终的目标。以下就是合理计划、科学设限的时间管理步骤：

第一步：列出你的工作事项。

在笔记本空白页中间画上一条竖线，从上到下标出一天的时间轴。然后在左侧区域列出当天的计划，切记：主要的目标事件不能超过三个，要聚焦关键目标。右边留白，用于填写第二天的总结。

第二步：按所列计划，有序开展一天的行动。

要注意的是，关于如何列出计划和开展行动，可以参照我在上一节所讲的内容。随时在时间轴的右边填写自己的实际完成情况。

第三步：对比分析，确定影响效率的因素。

将右侧的实际完成情况和左侧的计划进行对比，找出实际与计划不相符之处，并分析不相符的原因。此处进行的活动就是复盘总结，也是我们进行时间管理相当重要的一个环节，它直接影响着一个人的时间管理能力。

第四步：针对总结分析的原因，调整计划，为自己科学设限。

在通常情况下，影响我们时间管理计划的一个重要的因素就是我们过高地估计了自己，给自己设定的时间管理的目标超出了我们可能达到的目标，因此接下来就要科学调整，为自己科学设限，从而让时间管理的目标具备可行性，而不是遥不可及，多次品尝失败的痛苦，进而影响信心和勇气。

当列出具体计划后，接下来要做的就比较简单了。我们按时间管理计划，一步一步达成自己的目标，每天胸有成竹、坚定不移地向着目标前进。

转换成本，把控时间

莎士比亚说："抛弃时间的人，时间也会抛弃他。"这句话道出了一个人在时间管理方面陷入帕金森定律的重要原因——浪费时间。

潘正磊在微软总部以效率高和执行能力强著称。她大学一毕业，就加入了微软，是微软晋升非常快的经理之一。在谈到自己进入微软后的工作时，她提到了"保护时间"一词。

潘正磊初入微软时，是一名软件开发工程师。当时，她所在的小组开发的产品成长得相当快，几乎是几个月内就要生成三个版本，每个版本又需要支持六种语言。如此一来，就需要开发十八个不同的组合。为此，她不得不与很多其他不同的组打交道。结果就是，她每天要在办公室里接待不同的人，处理不同的问题。而她自己正在处理的事情却因此受到了影响，以至于她不得不不断延长自己的工作时间。她清楚地意识到，自己的时间在一点一点被浪费。

怎么办？她必须正视自己付出的时间成本，计算自己被浪费的时间。于是，她决定提高自己的时间利用效率。在老板的指导和支持下，她为自己设置了回答问题时间，这意味着其他人要找她解决问题，必须在她指定的时间内。这样一来，她就有了整块的时间做自己的工作。

正是由于潘正磊发现并正视了自己的时间成本，所以才能积极为自己浪费的时间设限，从而得以管理好时间，为自己争取到了足够的时间，让自己得以提升。

然而在日常生活中，我发现相当多的人对时间的流逝无动于衷，或者束手无策。细究原因，竟然是他们不清楚自己的时间为何流逝。也就是说，他们从来没有关注过自己的时间成本，没计算过自己被浪费的时间。那么，究竟是哪些行为浪费了一个人宝贵的时间呢？

排在第一位的是随意放纵自己的行为。比如，随意地看一部电影、聊天，甚至睡觉、洗澡。这些行为不具备明确的目的性，可以说纯粹是随性而为。而正是这种随性而为，让我们付出了巨大的时间成本。

排在第二的是无效社交行为。比如，与人闲聊，无意义地语音聊天或视频，无目的地延长午饭时间，甚至无目的地购物。这些行为因为不具备明确的目的，加之行动的随意性，因此是明显的无效社交行为，白白浪费了时间。

排在第三的是无目的的阅读行为。所谓无目的的阅读，就是指随意地翻看那些过期或没来得及读的报纸或杂志，随意地翻看身边无价值的资料。

可以确定的是，在以上这些无意义的行为、活动中，时间被大量浪费，但很少有人注意过。当然，我并不是说浪费时间仅表现在以上行为，其实在工作中也存在着无效工作、浪费时间的行为。

第一种：工作时发呆或走神。

其实这种行为相当普遍。不妨看一看每家公司的员工在周一或周五的表现，相当多的人表现为工作时注意力不集中，神思恍惚，一边工作一边打呵欠，或是回忆着自己周末时的快乐时光或没能如期完成的事情，或是在计划自己本周末应该做些什么。当然，这种情况也会发生在发薪日前，有的人会在这一天发呆或走神，思考如何将到手的薪水花掉，或是如何在还上旧账后过好下个月的生活。就在发呆或走神的过程中，大量的时间被浪费了。

布鲁斯在一家杂志社做编辑。这天，他计划用一上午的时间写完一篇人物专访。他先是完成了专访的第一部分，接着打算开始写第二部分。看着已经完成的第一部分，他很满意，为此奖励自己休息一会儿。他为自己冲好一杯咖啡，并端着咖啡来到同事麦克的办公桌前，就麦克昨天写的一则短讯聊了一会儿。

随后，他回到自己的座位，打开邮箱，查看了两封新邮件，一封是玛丽姨妈询问布鲁斯在假期是否去她那里，另一封是一位读者的来信。他回复了玛丽姨妈，明确告知对方自己周末会携妻女去看她；他又回复了读者，感谢对方的关注，并答复了对方提出的问题。

处理完这件事，他继续写人物专访。结果他发现，自己找不到写作的思路了。无奈之下，他不得不回看完成的第一部分，再开始构思第二部分。结果，午餐时间到了，他的人物专访仍没能完成。

其实，差不多我身边的每个人都不同程度地存在这种浪费时间的行为。要注意的是，这种浪费时间的行为一旦养成习惯，就会成为工作效率的杀手，从而让时间管理成为空洞的幻想。

所以，要管理好时间，就要将时间转换成成本，学会计算自己浪费的时间。要将工作和生活明确地分开，确保自己工作时就全身心地工作，休息时就充分休息，尽情地享受生活。

第二种：穷忙。

所谓穷忙，是指工作中好像在不停地忙碌，但效率却极其低下。比如，工作中时不时会寻找物品。这种行为会严重浪费我们的时间。这里有一份调查数据可以证明这一点：针对美国一百家大公司职员的调查发现，公司职员每年都要把七周甚至更长的时间浪费在从杂乱无章的资料里寻找需要的信息上。

回想一下，你是不是也存在这样的浪费时间的行为？因此，不妨将自己的东西整理好，学会断舍离，将无用的东西抛掉，从而为有用的东西腾出空间，也为自己节省时间。

第三：突发事件。

在很多时候，突发事件会打乱我们的时间管理计划。比如，我们正在处理手边的事情，上司突然交给我们一件事去处理，结果原来的计划就成了一张废纸。或许突发事件不会占用太多时间，但可怕的是当我们重新去做原来的事情时，不得不调整自己的思路和注意力，从而为此浪费时间。

我们要做的就是学会应对这样的情况，或是学会说"不"，或是提前做好准备，为突发事件留出时间。这也是时间管理的一种重要的方法。

总之，时间管理可以影响到一个人的事业，而学会转换成本，计算浪费的时间，可以让我们充分正视时间管理的重要性，进而科学地安排时间，提升工作效率。

不能不正视的拖延成本

清晨，小王走在上班路上，突然想到上周没完成的那份工作计划，于是暗下决心：今天一定要将工作计划完成。打卡钟的铃声响起时，小王准时坐在了办公桌前。他将相关资料取出来，忽然想到要先收拾办公桌，于是起身用半个小时清理了办公室，还浇了花。接下来，他看了看整洁的办公室，长吁一口气，打算写工作计划。

他想了一会儿，没思路，决定先抽支烟。他拿出一支烟，走到楼下，边欣赏外面的美景边抽烟。就在这时，他无意中发现同事老张从一旁走过，忽然想起自己上周答应过帮他下载太极拳视频。他想，自己不能食言，于是赶紧回到办公桌前，打开电脑，插上U盘，帮老张下载太极拳的视频。等待的时候，他随手取出一份报纸看着。

半个小时后，视频下载完了，他也看完了报纸。他拿上U盘，去老张的办公室，将U盘交给了老张。老张格外高兴，拉着他喝了一杯茶。

回到办公室，一看时间，马上要吃午饭了。他连忙回到座位前，摆开纸笔，开始写工作计划。就在这时，手机响了，原来是上司的电话。对方责问他上周的违纪事件为什么还没处理，他连忙连解释带赔罪，花了二十分钟才让上司消了气。他挂了电话，心情格外郁闷，还是上个洗手间，喘口气吧。

结果从洗手间回来的路上，他又被隔壁马大姐说的家长里短吸引住了，站在门边听了一会儿，后来还不由自主地加入其中。聊了一会儿，他才想起要写工作计划，连忙快步回到办公室。一看时间，好家伙，再有半个小时就下班了。唉，这一上午，又什么事也没做。

事实上，相当多的人如同故事中的小王一样，一件事情一拖再拖，离完成遥遥无期。这其中就是拖延在作恶。正是拖延让我们的时间管理成为泡影。

那么，何为拖延？其产生的心理原因是什么？如何战胜拖延，管理好自己的时间呢？

所谓拖延，字面意思是指延长时间，不迅速处理当前的事，也指在开始或完成一项外显或内隐的活动时实施有目的的推迟。它使目标任务在规定期限内无法完成，或者目标任务在截止时间前才刚刚启动。事实上，拖延并非简单的逃避行为，而是包含了一系列相关联的理解和想法（认知）、情绪和感受（情绪）以及行动（行为）。可以说，这是一种极其严重的时间浪费现象。

拖延现象背后的心理原因是什么呢？从事拖延现象心理研究的专家皮尔斯·斯蒂尔教授发现，造成拖延的因素主要有四个：自我价值感不足、做事情的信心不足、做事情时分心冲动，以及得到反馈的时间延迟。

所谓自我价值感不足，是指一个人在做一件事情的时候，当看不到这件事的价值时，就极易出现拖延行为。比如，许多人围坐在办公室里聊天，这时领导让你将办公室清理一下，你认为那么多人在聊天，与其现在清理，还不如等人都走了后再清理。于是，清理办公室这件事就被拖延了。

所谓做事情的信心不足，是指一件事情对个体来说难度越大，个体就越容易出现拖延行为。比如，你接手了一项在你看来难以完成的项目。于是你一拖再拖，希望上司会在最后取消这个不可能完成的项目。

所谓分心冲动，是指当个体做一件事情的时候越分心，就越容易拖延。比如在阅读某本书时，心里还想着手中的某些事情，于是越专注地看书，就越容易想着手中的事情，进而出现了分心，甚至冲动地放下要读的书，去处理自己分心想的事情。

所谓反馈的时间延迟，是指当个体知道所做的事情的结果要经过相当长的时间才能得知时，就会出现下意识的拖延。

无论是何种原因的拖延，均会造成时间的浪费，使工作效率低下。那么，如何进行时间管理，从而克服拖延造成的时间浪费呢？

方法一：时间统计法。

恪守时间是职业化的最基本要求。但是相当多的人不守时，拖延的原因是他们对于自己的时间不能进行很好的把控，因此不能正视拖延成本。不妨将自己的所有行程都放入手机日历，借助于工具而不是大脑记忆来管理自己的时间，从而让自己正视拖延成本，管理好自己的时间。

我建议可以采用坚持每天做一件事的方式，对自己的行为进行清算。对自己每一天、每一月、每一年进行核算，于是就可以清楚地知道自己的时间去了哪里，进而认识到时间的宝贵，避免拖延。当然，也可以采用我在上文说过的重要的事优先原则，这也是一种应对拖延的方法。

方法二：具体目标设定法。

面对拖延造成的时间浪费，倘若你意识到了这个问题，不妨为自己设一个明确而具体的目标。设定目标可以让任务成为一个一个可控的目标，进而战胜因为自信心不足而引发的拖延，避免时间的浪费。

方法三：时间限定法。

所谓时间限定法，就是为自己做某件事确定明确的时间界限，比如几点到几点做什么事情，甚至可以明确到分。比如，你为自己设定完成工作计划的时间是从上午九点到十点半。于是，这种明确的时间会让你减少拖延，让工作内容更具体，从而克服分心冲动引发的拖延。

总之，拖延会让人产生极度的焦虑感，一旦我们能正视拖延成本，管理好自己的时间，在战胜拖延后，我们就可以成为高效能人士，重获时间管理的自由，进而掌控自己的人生。

第五章

为什么同事总是排斥你

帕金森定律之做事法则

成为办公室里的"局内人"

　　我的一个朋友跟我讲了她所在的办公室的一个女孩的故事：

　　芳芳是一个初入职场的菜鸟，毕业后经过多方努力，得以进入一家私企工作。公司工作不太忙，待遇也很优厚。芳芳自己非常满意。最初的时候，领导没给芳芳安排具体的工作内容，她每天就是帮着别人打打下手，然后泡杯茶，看看报，读读书，等着下班。这让她怀疑自己提前进入了养老阶段。

　　好在试用期较短，只有一个月。一个月后，芳芳转正了，主管安排给她的工作也相对多了起来。转正一个月后，主管找芳芳谈话，一方面了解她进入公司后的工作情况，问她对当前的工作是否满意，另一方面暗示她工作不够积极，做事的质量和效率都要提高。芳芳感觉很委屈，她一直在用心地工作，而且自认为没什么地方做得不好，为什么主管会这么说？谈话结束前，主管关心地问芳芳与同事相处的情况，提醒她要多和同事交流，多向老员工学习。

说实在的，芳芳知道主管是在提醒她要处理好与同事的关系。但芳芳认为自己的工作和其他同事没太大关系，所以可聊的不多。加之同事们平时闲聊时不是谈美容护肤，就是谈时尚潮流，芳芳也不了解。因此，芳芳与同事没有共同话题。

就这样，芳芳坚持着自己为人处事的原则，事不关己，高高挂起。结果，芳芳由于太过安静，渐渐地被同事孤立了。

其实，职场中像芳芳一样的人并不少见。很多人初到一个新单位时，因为与周围的同事不熟，所以要花相当长的时间才能融入集体中。甚至一些人长时间无法融入集体，进而成为办公室内格格不入的那个独特的存在，结果让自己备受孤立，也为自己的职业生涯埋下了祸根。

是什么原因让这些人成为办公室里格格不入的独特的

存在的呢？事实上，这其中既有外因，也有内因。

所谓外因，当然是个体所处的外部环境，包括办公室的文化氛围，同事的性格、思维方式和处事方法。这些外部因素均是外因的来源。它们在一定程度上影响着个人融入某个陌生环境的过程，以及陌生环境对新人的接受程度，且并非个体本身可以决定的。所谓内因，是个体本身的性格、气质、人际沟通方式，以及处事的方法与态度，是由个体本身可以决定和改变的。

由此可见，当一个人与工作环境格格不入时，或是外界环境所致，或是自己存在问题。心理学研究和无数事实均证明，个体极难改变外界环境，而对于外界环境引发的问题，解决的办法是从自身找原因、想办法。简单地说就是一个人无法改变外在环境，能改变的只有自己。因此，当一个人与同事格格不入，无法融入工作环境中时，重要的是先改变自己，让自己不再是那个格格不入的人。

或许有人说，无所谓啦，我只要做好自己的工作，拿自己的那份工资就好了。问题是，你要的这种"与世无争"的状况，能维持多久？要知道，如果你是新人，你对工作不了解，那么你的这种局外人的状态，会让你无法获得他人的帮助。如果你能力比较强，不好意思，工作是需要团队合作的，你的能力有可能会使你成为他人的眼中钉、肉中刺，你需要的团队合作，因为他人的抱团成为泡影，你孤立无援，怎么完成项目？如果你是上司眼里的人才，受到了领导的重用，那么问题又出现了，你自以为的与世无争，成为他人眼中的清高和孤傲，众人都疏远你，你的工作不断遭遇问题，你又怎么能安心地提升自己，成就自己呢？

　　总之，当你成为办公室里的局外人时，任何可能的情况都会发生。因为人在职场，面对诸多复杂因素，你会因为信息的缺失或孤立无援出现各种状况。

　　那么，一个人如何才能避免让自己陷入局外人的状态，成为办公室里颇受欢迎的那个人呢？

　　那就是要调整自己的心理状态，以接纳的态度对待新环境、新同事。

　　我们知道，一旦在利益分配上产生分歧，人与人的关系就可能出现问题。而产生问题的原因，主要是个体的自我心理在作祟。

　　自我，就是自我意识或自我概念，主要是指个体对自己存在状态的认知，是个体对其社会角色进行自我评价的结果。所谓自我心理，就是个体对自己心理属性的意识、情感和评价，包括个体对自己感知、记忆、思维、智力、性格、气质、动机、需要、价值观和行为等心理过程、心理状态和心理特征的认知和评价。这种心理决定了一个人看待人和事的态度，进而影响着一个人被他人的接受度和受欢迎程度。

一个过度自我的人，或过于自负，或过于自卑，无论是哪一种心理，均会影响其人际关系。过于自负的人会以自己的标准要求他人，于是就会产生"众人皆醉，唯我独醒"的心理，认为自己始终处在一个格格不入的环境里，身边的人都很庸碌，自己想找个知心人，却始终得不到他人的认可，感到事事不顺心，处处受排挤；过于自卑的人则格外敏感，遇事总是不自信，担心他人说闲话，要么胆小怕事，要么做事用力过猛，终归是难以从容面对工作中的一切。长此以往，周围的人会产生不舒服感，于是持"要与舒服的人在一起"原则的人们自然会远离你。

由此可见，要融入环境，成为办公室里的"局内人"，就要抛弃过度自我的心理，改变自己的思维方式，认清不同文化背景的人看待问题的角度和解决问题的方式不同，不求全责备，也不要求每个人都赞同你、喜欢你，而是学会以宽容和豁达的态度来对待人和事，不强求他人"懂我"，也不勉强他人"像我一样"，尝试抛开成见，放下小我，主动地跨出自我心理界限，主动打破孤立，找到最适合自己的位置。

第一，要学着放低自己的姿态，认识到人在职场，与其高傲，不如放下无谓的自我，学着发现他人的优点，摆正自己的位置和态度。要知道，在欣赏他人的同时，自然也会获得他人的赞赏，毕竟人与人之间是平等的。

第二，要学会反思。反思可以让一个人发现自己的问题。我个人的感受是，每次遇事后及时反思，会让自己找到与他人相处的正确模式，可以让自己得到提升。于是下次自然就会避免错误的发生，或在错误发生后及时挽回局面。

第三，要学会求助。很多时候，当我们陷入孤立的境地时，让自己解脱出来的方法就是向他人求助。研究表明，人在内心深处均有愿意助人的想法，因此当我们处于孤立的境地时，不妨主动迈出一步，请求他人的帮助，这样就为自己接近他人或他人接近自己搭了一座桥梁。

远离职场嫉妒症

　　顾飞是一家广告公司的设计师。初入公司时，他工作态度认真，对公司交给他的每一项工作都尽心尽力。于是，随着经验的积累，他的设计能力渐长，加之为人忠诚可靠，遂成为设计部的骨干。不过，顾飞性格比较内向，不太擅长与人打交道，在很多次与客户的沟通中，因为表达不清楚，影响了工作效率，因此一直都没能受到重用。

　　王强是顾飞的同事，比顾飞晚到公司一年，但他性格十分外向。他言谈幽默，会关心人，不管是同事还是客户都喜欢与他沟通。尽管王强的设计能力并不如顾飞，但由于肯用心，加上与人沟通能力强，因此在遇到问题的时候，总能获得他人的帮助，工作效率反而比顾飞高。

这一季，公司接到了一家医药公司的全年广告投放订单，设计部的任务是要拿出令客户满意的方案来。于是顾飞和王强同时接受了任务。经过一段时间的遴选，顾飞的广告创意被客户否决了，而王强的广告创意则中选了。原来，他们俩先后拿出了几种方案，在方案一次次被"枪毙"后，顾飞埋头苦干，努力改进，王强则积极与客户和同事沟通，请大家帮忙献计献策，终于在众人的集思广益下他的方案成功中选。

这件事发生后，顾飞心理特别不平衡，每次看到王强笑逐颜开地与同事开玩笑，与客户聊天，他就感到反感。加之王强不但获得了领导的赏识，还成功地被提拔为项目负责人，而能力远超他的自己却只能原地踏步走，顾飞越想越生气，于是在和王强大吵了一架后，愤而辞职。

顾飞出现一系列冲动行为的原因就是他患上了职场嫉妒症。作为职场上的正常现象，职场嫉妒症是一种心理层面的敌意与竞争。一个人一旦患上这种疾病，不仅容易与同事发生不必要的冲突，还可能让自己的人际关系恶化，进而形成恶性循环，对自身的身心健康和事业发展产生不利影响。

那么，职场嫉妒症产生的原因是什么呢？从心理学的角度讲，职场嫉妒症是由深层次的心理原因导致的。这其中就包括过于追求完美的个性、自恋倾向以及性格偏执。

一般来说，来自大家庭，曾与兄弟姐妹争夺过父母的关心和爱，并在争夺中遭遇失败的人，内心会感觉委屈和不公平，于是成年后就会在潜意识中将童年由同胞和双亲造成的这种负面情感转移到同事或上司身上，进而产生上司偏爱同事，自己就会受到不公平的对待的偏执心理。

而过于追求完美的人，凡事总想做到最好，喜欢一切尽在自己掌控之中的感觉，一旦出现不如其意的事情，就会产生失控的焦虑感，进而导致心理失衡。

具有自恋人格倾向的人，常常是在童年备受忽视的孩子，于是在成年后便渴望获得他人的关注、理解和赞美，总是希望他人能为自己服务，于是当工作中这种自恋心理未能得到满足时，就会产生"自恋性损伤"，进而激起嫉妒和愤怒。

总之，无论是哪种深层次的心理原因引发的职场嫉妒症，均会让人在与同事相处时发生这样那样的问题，从而给自己或他人造成困扰。

怎样让自己远离职场嫉妒症呢？那就是要用豁达的心胸看待人和事，正确地看待事物、了解自己，让自己的内心强大起来。

一个人最可贵的品质就是正确地认识自己、看待自己。只有正确地认识自己、看待自己，才能在评价自己时，既看到自己的优势，也看到自己的不足，进而有自知之明，摆正自己的位置，明白自己不可能总是人生的赢家。这个世界上总会有强于自己的人，你所要做的就是承认自己的不完美，接受他人的成功，试着以坦然的心态，真诚地向同事说声"恭喜"。如此一来，我们不但展示了自己的风度，也会在团队中获得认可，进而得到更大的成长空间。

职场嫉妒心理来源于人的错误的比较。比较心理是人的正常的心理，但一旦这种比较选错了角度，就会引发嫉妒心理。因此要避免由此产生的嫉妒心理，就要学会遇事换位思考，多替别人着想，试着站在对方的角度想一想，这份成功背后的付出自己是否能做到，进而不断反省，超越自己。

相当多的人产生职场嫉妒心理的原因是其内心想不开。

我们必须承认，人与人的天赋秉性本来就有很大差别，再加上生长环境不同，接受的教育不同，在思维方式上必然存在不同。因此，对于他人的成功，要看到更深层次的原因，持顺其自然的心态，对于自己的失败，要认识到生活不是一成不变的，凡事有成功有失败，不要让自己陷于失败的困扰之中，要多和亲朋好友交流，开阔视野，适时转移注意力，让自己投身到最喜爱的活动中去。

当然了，倘若你的职场嫉妒症并不严重，只是在他人成功时内心稍微感到不舒服，但很快你将其转化为促进自己提升的动力，那么恭喜你，你的嫉妒不但无害，而且会成为你前进的力量。

著名的思想家罗素曾在《快乐哲学》一书中说："嫉妒尽管是一种罪恶，它的作用尽管可怕，但并非完全是一个恶魔。它的一部分是一种英雄式的痛苦的表现；人们在黑夜里盲目摸索，也许走向一个更好的归宿，也许只是走向死亡和毁灭。要摆脱这种绝望，寻找康庄大道，文明人必须像他已经扩展了他的大脑一样，扩展他的心胸。他必须学会超越自我，在超越自我的过程中，学得像宇宙万物那样逍遥自在。"

　　而心理学研究也表明，适度的嫉妒如同适度的压力，能激发自身潜藏的能量，有时候会变为帮助自己成长的好事。比如一个人在工作方面对成功的同事产生了适当的嫉妒心，就可以激发他将工作做得更好，从而督促他达到自己的目标，完成某种任务。

做事有分寸，做人有底线

前两天，亲戚阿珍来家中坐客。在闲聊中，阿珍提到了自己的一个同事，让我不由得想到了帕金森定律，进而对职场人做人做事发出了感慨。

阿珍在一家公司做财务工作，要处理公司上至领导，下至员工的出差借款和报销的相关事宜。在她看来，一个财务人员倘若不能守住做人的底线，就是严重的失职。前两天，她曾和单位的一位同事因报销的事情发生了冲突。

公司前段时间召开了经销商座谈会。会后，行政部的小齐来找阿珍报销，报销金额为7000元。按公司的规定，报销单上必须有营销经理的签字，但这张单子上没有，于是阿珍要求对方找领导补上签字。

没想到的是，对方见阿珍不给报销，脸色一变，出口伤人，说阿珍算什么东西，正常报销不给报，还声称要找人修理阿珍，让她立马走人。阿珍很生气，也知道他的确在公司有关系，据传是老板娘的亲戚。不过，阿珍还是没理他，直到对方补上签字，才给他报销了。

这件事之后，小齐见到阿珍就没好脸色。同事劝阿珍睁只眼闭只眼算了，反正都是老板自己家的事儿。但阿珍坚持原则，认为就算是被炒鱿鱼，也不能没有签字就报销，不然将来一旦出现问题，自己就得背黑锅。

结果事后不久，已经做好失业准备的阿珍不但没被炒鱿鱼，反而受到了表扬。原来，小齐果然去向老板娘告状了，结果老板娘的枕边风吹向老板后，老板将她的亲戚训了一顿，说阿珍没错，公司就需要这样坚持原则、坚守底线的好员工。

后来，阿珍成了公司的财务主管。据她说，那位同事因为被查出私下拿回扣，已经被老板开除了。

说实话，作为阿珍的亲戚，我知道她不是一个特别圆滑世故的人，也不是能力特别强的人。但我相信，她的老板之所以放心地提拔她，就是因为"信任"二字。而小齐最后却弄得灰溜溜地离场，就是因为做事失了分寸。所以，要想让客户信任、老板放心、同事认可，重要的就是做事要有分寸，做人要有底线。

所谓做事要有分寸，就是说在人际交往时要把握好人与人相处的尺度，懂得什么该说，什么不该说，凡事三思而行。这是一种睿智的表现，更是一个人有修养的表现。一个做事有分寸的人，知道分寸感是人与人友好相处的安全阀，明白关系再亲密，也不能随意窥探别人的隐私；清楚与人交往要方法得当，做人做事要看时机，不盲目行动，遇事要懂得巧妙回避别人的私事，要懂得保持距离；时刻提醒自己，与人相处不越界，不破坏自己与朋友的舒适距离感。

一个做人有底线的人，知道每个人都有喜欢的事和不喜欢的事情；知道人活着，就要挺起脊梁，活出自己的尊严，而底线就是自己的尊严；清楚人突破了底线，就丧失了良心，心就难安，一辈子受良心的折磨。所以，他们不会在做事时将自己的尊严放在一边，为讨他人欢心而低三下四；不会为了自己的私利，泯灭人性；不会为了升职加薪，昧着良心说话……

可以说，一个人在职场里立足的根本是核心竞争力，而做事讲究分寸，做人要有底线，可以提升你的人格魅力，增加你的可信任度，进而提升你的核心竞争力。

张三和李四是一家股份制公司的股东。别看张三已经五十多岁了，但仍相当英俊帅气，与他相比，同龄的李四就长得比较普通。这两人都是公司的销售精英，但两人在营销理念和方式上经常发生冲突。比如张三同意的事，李四常常反对；同样，李四提出来的主张，张三一般都投反对票。而且两人经常因意见不统一而吵得面红耳赤，指责彼此，到最后往往不欢而散。

一天，张三陪客户喝完酒回到公司，恰巧在走廊里碰见了李四。李四生气地说："张三，你又喝醉了！每次陪客户你都是这副样子，上辈子没见过酒似的。"张三刻薄地反击："你说得没错，我喝多了酒的确样子难看。不过明天我酒醒之后还是一副帅气潇洒样。可是你呢，李四，你昨天很丑，今天很丑，明天同样还会很丑！"李四因为张三的这段话气得几乎发疯。

但后来，公司遇到了一项重大事务。作为股东，张三、李四都具有投票权。张三的提议相当科学，而且对公司的发展更有利，但几个股东出于个人利益，都表示坚决反对。他们又找到李四，希望他加入反对张三的阵营。结果李四直截了当地拒绝了。他给出的理由是，虽然他不喜欢张三这个人，但他必须承认，在这件事上，张三的决策是正确的，他全力支持。

李四的行为突出表现了做事有分寸，做人有底线这一职场行为准则。每一个身在职场的人，倘若想获得更好的发展，走得更远，不妨想一想，分寸与底线在做事、做人上的重要性。

孤掌难鸣，学会分享与合作

我从前供职于一家民营图书公司，W是我的一个年富力强的同事。平时，W和同事的关系都不错，时不时地拿一些老家特产请大家品尝。加之她的确相当有才气，因此一些同事在写图书的宣传语时经常请她帮着修改一下，提提意见。当然了，W在给自己做的图书写宣传语或文案时，也会请大家帮忙看一看，提些修改意见。

一次，W做责任编辑的一本书在年度评选中被评为畅销书，她感到无比自豪，于是逢人就提自己的努力与成就，同事们自然要对她表示祝贺。为此，她专门花钱请大家吃了一顿饭。但没过多久，同事们都渐渐疏远了她。当她再请大家帮着看一看宣传语或文案时，同事们总是借故推脱。而且大家都像约好了一样，不再请 W 帮着看一看宣传语或文案。

为此，W 感到相当困惑，不清楚自己到底做错了什么，使得大家纷纷回避她。紧接着，她发现同事，甚至包括上司，像在故意找她的麻烦。她不明白，大家究竟怎么了？

一次下班，恰好我们同行。W 委屈地向我诉说了一切。我沉默地听她说了一路。地铁到站前，我告诉她，她的错误就在于"独享荣耀"。

没错，图书大获成功，W 作为责任编辑，功不可没，但就事论事，这本书能畅销，也离不开其他同事的努力，比如封面设计人员、版式设计人员、校对人员，以及其他相关环节的参与人员。可以说，一份荣誉的获得，离不开其他人的努力，因此荣誉理应与他人分享。

W 的这件事提醒我们，人在职场，要学会与同事合作，更要学会快乐同分享，困难共分担，如此才能无论是在顺境还是在逆境中都不会成为孤家寡人。

一项研究发现，职场上，情商高的人非常注意与领导、同事之间的沟通顺畅。他们不但善于发现同事的优点和自己的缺点，能随时取长补短，提升自己，而且懂得分享。实际上，学会分享与合作，能推己及人是与人交往中的一个重要能力。当一个人将荣誉、快乐与同事分享时，一个人的快乐就变成了多份快乐；当一个人愿意与同事合作分担困难时，一个人的困难就成为多个人的困难，于是困难就不再是困难。

多年前，莫比到外地参加一场客户服务研讨会。会务组为他在当地的一家汽车旅馆预订了房间。初到这家汽车旅馆，莫比发现旅馆的很多硬件设施不够齐全，影响了他的准备工作。于是，莫比找到旅馆老板，相当客气地讲明了自己遇到的困难，希望对方能帮自己解决，以便更好地完成会议的准备工作。

旅馆老板听了莫比的话，不但没恼怒，反而用有力的握手、友善的微笑表示理解。随后，他亲自找到相关人员，按莫比的要求，对房间进行了调整，比如房间的窗帘加厚，多增加两盏灯照明，等等。此外，为了让莫比集中精力为会议做准备，旅馆老板还要求服务人员为莫比增加一些相关的服务，比如临时宵夜等。

会议召开当天的早上六点，莫比享用了旅馆专门为他提供的一份乡村风味的早餐。这份早餐，以及旅馆老板和服务人员积极满足自己的要求，给莫比留下了极为深刻的印象。后来，莫比在每一次演讲中，都会提到这家旅馆为自己提供的良好的服务。而他的演讲也为这家旅馆做了宣传，让这个名不见经传的小旅馆的客流量不断增加。

莫比与旅馆之间的合作与分享，就如现代社会中的公司：员工与员工之间要想合作完成一个项目，必须紧密配合，团结一致，如此才能取得成功。没有人可以孤立地活在这个世界上，一个人与同事的相互合作是个人前进的动力。一个人在合作与分享中，会感受到工作的快乐，实现自身的价值。相反，倘若一个人只考虑自己，没能学会分享与合作，那么自己的成长和发展就会受阻，进而沦为职场中的孤家寡人。因此，一个人的成功离不开团队的力量，而良好的合作与分享是推动团队力量的催化剂。

美国加利福尼亚州生长着一种红杉。这种红杉树差不多有100米高，相当于一座30层的楼房。科学家发现，红杉树不像其他植物，长得越高，根扎得越深。它的根只是浅浅地浮于地表。红杉根的这种生长特点，一方面利于它快速而大量地吸收赖以成长的水分，从而得以茁壮地成长，但是另一方面，由于根扎得不深，红杉又相当脆弱，一旦遇到大风，就会被连根拔起。而此地的红杉能高大且屹立不倒的原因就在于，这里的每一棵红杉都不是单独生长的，而是成片地生长在一起。在大片的红杉林中，红杉一株接着一株地生长着，它们的根彼此紧密相连，从而让它们牢牢地"粘"在了地面上，就算是当地威力无比的飓风也无法撼动它们。

红杉的生长原理再一次提醒我们，一个人要想获得成长，取得成功，就要学会在团队中合作与分享。在合作与分享中学会与同事们共同完成任务，分享胜利的果实；在合作与分享中吸取经验，从而丰富自己的知识，提升自己的能力。

为专制上司留一份尊重

前同事安娜打电话约我一起吃饭。当年，我们一起进了一家图书公司，私下里的关系很好。后来，她到另一家图书公司做了部门主管，而我则专注于在家写稿。但这并不妨碍我们互相吐槽，也不影响我们做对方的"垃圾桶"。

晚上，我到达约定的地方时，安娜早早就等在那里，而且点好了菜，吃了一会儿后，我问她发生了什么事。原来，安娜公司最近来了一位副总，主管图书策划工作。安娜作为部门主管，免不了要与这位副总打交道。但一段时间下来，安娜觉得自己不适应这位副总的管理方式，有几次还和对方发生了冲突，她甚至产生了辞职的念头。

　　我让安娜举个例子说明一下。她就说了当天发生的一件事。今天，副总就安娜部门呈报的选题和安娜沟通。他先是举了大量的数据，证明这些选题中的大部分不具备成为畅销书的可能性。接着，副总又拿出别的公司最近推出的一本畅销书，要求安娜与其部门的策划人员进行头脑风暴，争取最近也推出一本类似的畅销书。当安娜向副总说明推出畅销书是需要时间的时候，他反问安娜，作为一名职业出版从业人员，推出畅销书不是应该做的吗？

　　安娜说到这里，一口喝掉杯中的饮料，生气地说，她也想打造一本畅销书，问题是这得天时、地利、人和俱备。现在这人和就不具备了，瞧副总的架势，显然在他看来，畅销书是随随便便就能打造出来的。

　　实际上，我的朋友安娜遇到的这位副总属于专制型领导。这种类型的领导喜欢一切由自己决定，而且是在做出决定后通知下属，对于下属的批评或表扬都不屑一顾，凡事只有他自己清楚。于是，他的这种专断独行，给下属安娜造成了工作上的困扰。

　　事实上，每个人都希望在职场中能遇到一个自己喜欢和崇拜的上司，但是有一部分人却不会这么幸运，没能遇到与自己合得来的、彼此欣赏的上司，反而遇到一个自己讨厌，甚至互相讨厌的上司。于是如何与自己的上司相处，就成了职场生存和发展的重要前提。

人在职场，在很多情况下都身不由己，因为我们不能轻易为了一个人而放弃一份好工作、一份可观的收入、一个不错的工作环境，所以要学着与不同类型的人相处，尤其是与不同类型的上司相处，而不是一旦问题来了就逃避。这可以让我们更好地与形形色色的人相处，也可以提升自己的人际交往能力。

那么，面对各具特点的上司，我们应该如何与其合作或沟通呢？不妨把握以下几个原则：

首先要了解自己的上司。你对上司的了解程度，决定着你与上司之间的相处状态。那么，要想与上司沟通好，需要了解上司的哪些方面呢？

一是了解上司的行事风格。上司的个性品质不同，做事的风格也不同。像安娜的上司就是独断专行型的工作风格，此外还有的上司做事优柔寡断，有的上司做事目光长远……所以，了解自己上司的行事风格，可以让我们找到与上司相处的方式，从而更好地与上司合作，使上下级之间保持思维同步。一般来说，对于沉默寡言型上司，与其相处时最好多做事少说话；对于外向直率型上司，不妨直言你的想法；对于吹毛求疵型上司，与其相处时要调整好心态，尽量让上司带着自己完成任务，不要期望太高，更不要追求工作的完美，那样你只能得到失望与愤怒；对于管理粗放型上司，你需要做的就是放开手脚去努力工作，但在做事前后，切记与上司及时沟通，让其了解你工作的进程和情况。

二是要了解上司的情绪周期。人人都有情绪，上司和我们一样，也有血有肉，也有七情六欲，因此了解上司的周期性的情绪表现，可以让我们在做事情的时候找准时机。比如，观察上司在什么情况下会出现情绪波动，这可以让我们清楚该在何时、何地，提出怎样的意见或以怎样的方式与之沟通。

其次要注意与上司沟通时的忌讳。沟通效果在很大程度上受沟通的内容和沟通的方式影响，因此在与上司沟通时，一定要注意以下沟通时的忌讳，以免物极必反，影响沟通效果。

一是对于上司的批评或建议，不要直接否定。你要切记，无论上司的批评是否合理，作为下属，唯一的回应方式就是先接受，然后再迂回解释。这是因为就上司本人而言，下属直接驳回自己的批评相当于挑战自己的权威，倘若不采取措施，予以制止，就会产生不良后果。于是，你一旦直接否定上司的批评，就相当于在自己和上司之间挂起了"拒绝沟通"的告示牌，不仅双方的对话会马上终止，还极有可能导致关系恶化。

二是注意心平气和，以协商的口吻进行对话。在与上司沟通时，无论是多么严重的事情，千万不要将公司矛盾私人化。要心平气和地与上司沟通，避免让双方争论的焦点脱离理性的范畴，进而上升为赌气、谩骂，甚至发展为对对方的侮辱。要懂得将公司的问题与私人矛盾分开，理性地看待自己与上司之间的意见冲突，就事论事，尤其要注意事后不要向同事表达自己对上司的不满。要知道，世间没有不透风的墙。没准你抱怨的话某一天会传到上司的耳朵里，到时候只能让你与上司之间的关系更加恶化。

最后要注意的是，无论是哪种类型的上司，在与其相处时，作为下属，要在尊重中理性地对待问题，这是二人相处的首要原则。一些人在遇到自己不欣赏或不欣赏自己的上司时，态度极其恶劣，或是公开顶撞对方，或是干脆直接走人，这都不是最好的解决问题的方法。聪明的职场人明白，上司能成为上司，一定有其过人之处，作为下属要向对方学习，尊重对方，然后在管理好自己的情绪的同时，找到更好地与上司相处的方式。

第六章

为什么你很忙却进步缓慢

帕金森定律之生存法则

不怕错，但怕步步错

　　L和G都是我的同学。L当年在班里以能言善辩著称；G是我们的班长，颇具组织才华。后来，二人因为高考失利，均出去闯荡了。今年春节假期同学聚会，我听说了这二人截然不同的人生际遇。

　　据L说，当年他离乡闯荡时，全凭一腔热血，颇有一种初生牛犊不怕虎的精神。然而到了陌生的地方，他才意识到自己实在差得太多。苦苦拼搏了几年，他越发意识到必须提升自己。略有积蓄之后，他不急于改善自己的生活条件，拒绝了朋友一起做生意的邀约，选择了提升自己。他不但参加了某名校的成人教育培训，积极为自己充电，还跟着一名演讲家训练自己的口才。因为他意识到，自己从前的"口才"，只是随口胡言，实在不能称之为"才"。就这样，经过三年的潜心学习和提升，L蜕变了。他依旧能侃侃而谈，不过所谈的内容能真正打动听者，让听者有所启发和感悟。随后，凭着自己的真才实学，他成了一名企业培训师，再然后，他开办了自己的培训课程，进而创立了自己的培训公司。

同学G比L更早选择了北漂。当年高考失利后，他怀揣梦想闯荡北京，在北京一待就是十年。他和L一样，也在北京努力地挣钱。虽然从事的是体力劳动，但也有了一笔不小的积蓄。不过和L不同的是，他在此之后却遵循守寡多年的母亲的要求，选择回乡娶妻生子。于是如今，G在亲戚开办的工厂工作，每月拿着两三千元的工资，供着妻儿，用他的话说，自己的人生也就只能这样了，但儿子必须得改变自己的人生。

这些年来，我遇到过不少与G和L一样的人，他们在人生的转弯之际，由于选择的不同，而拥有了不一样的人生。有人慨叹人的命，天注定，是命运不同，改变了他们；有人则称格局不同，结局不同。无论如何品评，其实关键就在于他们面对选择时的决定不同。

人的一生，无论是工作还是生活，时时刻刻都面临着选择。选择或大或小，随机发生，不可避免。它们大到决定人生事业的方向，小到决定你享用一顿什么样的午餐。

就生活而言，当一个人清晨从梦中醒来时，就已经开始了一天之中的选择：选择早起还是继续睡懒觉？选择今天轻松轻松还是抓紧处理手中的事务？选择学习一天还是外出游玩一天？选择早一刻钟出门上班还是晚一刻钟？……然而这些看似微小的选择，却带给我们不一样的结果：起床早，让我们得以有充裕的时间安排规划好一天的事务；起得晚，就会发现时间紧迫，不得不匆忙出门，倘若不巧遇上堵车迟到了，那么这一天就会于紧张窘迫中度过。所以，这看似微不足道的选择，却足以改变我们的生活。

就事业而言，在我们进入社会前，甚至在高考时，我们就开始了一生的选择：选择做一份稳定的工作，过着朝九晚五的生活，还是选择从事自己热爱的事业，实现梦想？选择在大学期间创业，还是毕业后走上社会再考虑？……这些不一样的选择，收获的自然是不一样的人生：稳定的工作，收获的是生活的宁静；惊天动地的事业，收获的可能是波澜壮阔的人生。大学期间创业，早早离开安逸的象牙塔，可以品味人生的甘苦，积累人生的经验；毕业后创业，或许起步略晚，不过倘若把握好机遇，锤炼自己，未尝不能成就精彩的人生……

所以，面对人生中的选择，很多时候，我们随心所欲、率性而为。殊不知，在习以为常中，我们错失了机会，为自己的人生埋下了危机，也留下了遗憾。所以，在人生旅途上，倘若能多一分细节，多一分考量，以慎重的态度对待人生中的关键环节，人生或许从此不同。

其实，人生足迹如一条或升或降的曲线，其间存在诸多转折点。在转折点的选择，决定了一个人的人生走向。面对无数人生转折点，是上还是下，全看自己在转弯之际的选择。

有一个故事，我非常喜欢。这个故事讲的是一个非常努力却无所获的年轻人去向一位先生求教。先生在听过他的烦恼后，带他来到了桃花林，让他与自己的两个弟子一起去挑一朵开得最美、最艳的花。

好一会儿，年轻人和两名弟子先后从桃林中走出。年轻人汗流浃背地捧了一大把桃花，两个弟子却轻松怡然地各持一朵桃花。先生笑问三人是不是已经将自己最满意的那朵桃花取来了。弟子甲说由于自己在最初进入桃林时被手中的花吸引，所以从此不愿意挑选其他花；弟子乙说自己是在走遍整个桃林后，在尽头摘得这朵花，虽说不一定是最满意的，但他相信最满意的那朵已存在于自己的心间；年轻人则说自己在初入桃林时就不断搜寻，结果发现每朵桃花都那么娇艳，于是他想将每一朵自认为娇艳的花都采回来，结果实在是拿不了了。先生笑说，努力并不一定会获得预期的结果，正确的选择才是关键。

其实，面对人生中无数个拐弯，面对面前的无数道选择题，你的态度决定了你的选择。就如日本电影《哪啊哪啊神去村》中的男主角平野勇气，从最初的漫无目标，到后来因为畏惧做出选择，而引发了一系列悲剧式的遭遇，直至最后鼓起勇气，直面人生，做出了于他而言的正确选择，他在收获了一份珍贵的爱情的同时，也收获了自己的人生。

倘若是你，面对人生中的转折点，你会选择怎样的人生？请相信，成功也好，失败也罢，其实没有好坏，只要你所走的每一步都没浪费，纵然失败，收获的也是别样的人生！

不纠缠于无所谓的小事

人在俗世，免不了会发生大大小小的磕碰，由此不免会遭到他人的评议。于是有人认了真，一定要讲出结果，拼出个胜负；有人淡然相对，任尔东西南北风，我自乐活人生。这其实就是两种对待人生的态度，前者让自己陷入了帕金森定律的困扰之中，后者则告诉我们，要成功摆脱这一困扰，其实重要的是培养豁达的人生观。

我所住的小区是一个老旧小区，小区的大妈们经常聚在一起谈论东家长，西家短，因此经常可以听到不少因家庭琐事引发的"战争"。

丁大妈和李阿姨住在一幢楼的两个单元，都是和儿子一起，过着三代同堂的生活。丁大妈退休后，一心帮着儿子经营小家庭，在全家人的共同努力下，家里的日子越来越红火。然而，在生活质量提升的同时，人的要求也就高了。前两天，儿媳的父亲生病了，夫妻二人不但拿出了一笔不少的钱，而且儿媳还休了年假回去伺候父亲。从前儿媳不在家都是因为要出差，但这回不同，儿媳一去就是一个月，丁大妈不淡定了。她从开始的偶尔问起，到后来天天催着儿子赶紧让儿媳回来上班。结果没想到的是，最后儿子告诉她，儿媳正好要换工作，就顺便辞了职，回去照顾老人一段时间。这下子丁大妈火了，声称自己为这个家操碎了心，儿媳竟然不管不顾地辞职回家照顾自己的父亲。想到自己这些年为了这个家省吃俭用，想到自己掏心掏肺地对儿媳，但前段时间自己身体不舒服，儿媳也没这样对待自己，丁大妈越想越伤心，越想越生气，天天和小区的老人们唠叨这件事。

不同于丁大妈，李阿姨在处理家中的事情时，则采用了另一种方法。这不，前两天，儿媳从泰国旅游回来，给她买了一件礼物——一个古朴的手镯。东西虽小，但情意深厚，李阿姨戴上之后逢人就夸儿媳孝顺。前段时间的一个周末，亲家母来家里看闺女，李阿姨拉着她到楼下晒太阳聊天。恰巧楼下邻居谈起自己的风湿病，亲家母说她用了一种药油，老寒腿好了不少。邻居连忙追问在哪儿买的，亲家母说是闺女给买的，她也不清楚。于是邻居就拜托李阿姨问一下儿媳。李阿姨也有风湿病，不过并不严重，平时多注意一些，也还好。一听到儿媳为自己的妈妈买了效果那么好的药油，心里多少还是有些不平衡，但细细一想，亲家母一个人生活，做闺女的多关心些也是正常的，所以很快就调整好了心态。几天后，儿媳下班来到李阿姨的房间，不好意思地说自己现在才知道她也有风湿病，所以也给李阿姨买了药，让她用用看，如果效果不好，就带她去医院看看。

同样是在婆媳关系上，丁大妈让自己生活在郁闷之中，而李阿姨则能让自己活得心情愉悦，这其中最大的区别就在于二人气量的大小。

所谓生活，就是由无数的鸡毛蒜皮的事构成的，面对这些小事，倘若较起真来，就会让自己的生活多出许多的波折，增加太多的不快乐。相反，以豁达的心态面对生活中的诸多事情，轻松面对得失，自然会让自己多份快乐，少些烦恼。

我看到过一个故事。

一位老人养了一盆花，他对这盆花精心呵护、悉心照料。于是，这盆花越长越好：花开时节，香气怡人；不开花时，绰绰约约，令人观之悦目。

一天，老人要外出会友，就将花托付给了儿子，叮嘱他无论多忙，一定要每天回来看一看，并认真交代了浇水的次数和水量。儿子也相当认真地按父亲的嘱咐照顾着花。

老人快回家前，儿子想帮父亲打扫一下房间，于是在将花端到厨房浇水后，就开始打扫房间。结果儿子在拖地时，无意中被椅子绊倒在地，他将花盆打翻的同时，还坐在了花上。这下子，整盆花全毁了。儿子看着被自己毁了的花，想到父亲平日里对花的疼爱，内疚不已。

几天后，老人回来了。儿子向他如实讲起了花的遭遇，并准备接受父亲的怒火。结果老人听后，不但没有大发脾气，责备儿子，还连问儿子当时是否受了伤。儿子感到特别温暖的同时，也相当意外。

老人看出了儿子的心思，笑着说："再好也是花，哪及我的儿子重要。再说，我养兰花，可不是为了生气的。"

当我读到这里时，不由得感叹这位老人既睿智又豁达。

他用简单的一句话，道出了一种豁达的人生态度。

在生活中，并非每个人都可以抗拒自己内心的欲望，并非每个人都能以豁达的态度对待得失。因此，要培养足够的气度，在生活中，不过于计较个人的得失，不为一些鸡毛蒜皮的事发火；在人际交往中，多些理解，多些关爱，少些较真。如此，才能摆正心态，收获豁达的心境。

而豁达，可以让我们的心境开朗，可以让我们的事业顺达，可以让我们的人生平和，可以让我们认识到：生命，无论长短，每个人只有一次；生活，无论悲欢，人人均要继续；人生，无论起伏，人人均要向前。

做好规划，不过低配人生

春节时的同学聚会是我与高中同学在毕业后的首次聚会。看着老了一圈的同学，聊一聊岁月沧桑，颇有一种世事变迁、人生无常的感受。谈话时，我不由自主地问到了小Y，这家伙当时可是班里的风云人物。然而没想到的是，我刚提到这个名字，大家都沉默了。随后，有同学巧妙地岔开了话题。

莫名其妙之余，我选择了沉默。过了一会儿，有同学告诉我，小Y前两年就去世了。我心里除了震惊，还是震惊。要知道，他还那么年轻！后来我才知道，小Y为什么会这么早就离开人世。

小Y曾经是我的同桌。上学时,他是学习委员,长得帅气。但遗憾的是,高考时,小Y因为发挥失常,没能考上理想的大学,不得不去了另外的一所大学。听说在大学里,他因为不喜欢那所学校,也不喜欢自己的专业,于是开始游戏人生。他谈了很多女友,最后都不了了之;学习不再努力,多次挂科补考。临毕业时,大家纷纷忙着找工作,规划自己的人生。可他呢? 在面试几家公司无果后,不再努力,持听天由命的态度等待分别时刻的到来。

所幸校招时,他被家乡的一家企业聘用。大家都认为他有更好的选择,不妨放开手脚,去一二线城市闯一闯。但他拒绝了,默默地去了这家小企业,做了一名技术人员。从那之后,我再也没了他的音信。

听同学说,小Y工作后,似乎丧失了激情,没了人生的理想,开始得过且过,任由时间从身边溜走。后来,他的女友因为无法忍受他的这种生活态度,感觉与他生活在一起没希望、没奔头,选择了离他而去。这让他更加失去了信心和希望,于是听从家人的安排娶妻生子。但婚后的他并不幸福,据说夫妻二人经常发生冲突,孩子在三个月时因为照顾不周夭折后,两个人离了婚。从此,小Y终日与酒为伍，在前两年因为酒精中毒而死。

我不知道如何描述自己听到小 Y 的人生经历时的感受，唯有感叹一声：做好人生规划，好过得过且过。

在现实生活中，与小 Y 一样的人其实并不少见。他们因为梦想的失去、外界环境的变化而得过且过、虚度人生。这种人实际是给自己的人生设限，让自己困于其中无法超越，更无法获得突破和进展。于是他们持着"得过且过""当一天和尚撞一天钟"的心态，在自己的人生路上人为地砌了一面很厚的墙，将自己与成功远远地隔开，在墙的另一侧自我陶醉，浪费生命。他们并不知道，暂时的满足仅能让自己更落于下风，相反，奋力一搏，规划好人生，或许会成就自己的梦想。

在久远的古希腊，一个村子里有两个人，分别叫彼尔和威尔逊，他们一起离开村子，出去闯天下。威尔逊走了一个月就打道回府，重新开始自己的农村生活，而彼尔一直没有回来。

多年后的某一天，一支军队来到了这个偏僻的小山村。村里人从没见过这样的队伍，于是都围上去观看，议论纷纷。结果一个村民发现，队伍中走出来的一个人在朝着自己微笑。那个人走近了一些，大家这才发现他正是几年前离开村子的彼尔。要知道，大家都以为他早饿死在外面了。

原来，彼尔离开家后，加入了一支军队，因为骁勇善战，受到了将军的赏识，如今已是这支部队的统帅。彼尔向乡亲们致意，并打听自己儿时的好友威尔逊。大家找了一圈，发现威尔逊不在，都说他一定在地里干活。于是，彼尔迈步走向威尔逊家的农田，发现威尔逊在耕地。

彼尔看着威尔逊，吃惊地问："威尔逊，当时我们不是说好了一起去闯一闯吗？这些年，你究竟做了什么？"

原来当初两人约定一起离开村子，出去闯天下。当时彼尔因为从来不曾走出村子，还有些害怕，是威尔逊用自己听来的外面世界的精彩故事鼓励了他。看着威尔逊的样子，彼尔感叹地说："其实你只要再往前走一段路程，就到了鲁尔将军的驻地。当时他正在广招人马，我就是那时加入了军队。不过我要感谢你，如果不是你的建议，我不会有今天的成就。"

威尔逊低下头说："祝贺你。我后来觉得做农民也还不错。"

在现实生活中，有很多和威尔逊一样的人，他们在描绘蓝图的时候信心十足、充满斗志，可倘若真的做起来，一旦遇到困难，就害怕了，失去了信心，进而选择安于现状，得过且过。而那些"彼尔"们，一旦认准了目标，做好了人生的规划，就会尽自己所能去追求、去拼搏，积极进取，从不让自己得过且过地将就，也不会因为一时的辛苦或者挫折而停滞不前，而是坚持不懈地向前迈进。

作家黄碧云曾说："如果有天我们湮没在人潮之中，庸碌一生，那是因为我们没有努力要活得丰盛。"切记，一个人如果总是得过且过，最终只能过上低配的人生，会一步步走下坡路，最终庸碌无为。

人生未必要名声显赫，也不一定要腰缠万贯，但要有自己的理想和希望。它未必远大，但会让你不因环境改变而随遇而安，不因找不到方向而惆怅徘徊，让你灵魂丰盛且自由，享受到令自己满意的人生。

自以为是，聪明反被聪明误

在生活中，你是否遇到过这样的人：他们总是认为自己特别聪明，因此看到别人做错事或者出糗时，就会说要是他们来做，一定不会犯这样愚蠢的错误。但实际上，那些犯了大错误的人，往往是自以为聪明的人；那些自认为聪明的人，往往会毁了自己的一生。电视剧《都挺好》中的苏明哲，就是这样的人。

剧中苏明哲人生的前半段可谓顺风顺水，本科就读于清华大学，后在斯坦福大学读研究生。然而就是这样一个高学历出身，手中掌握着大量资源的人，却因为自以为是，差点毁了自己的人生。且不说因为他的自以为是、不解释造成的失业，单说他在处理家庭关系上，就因为自以为是险些毁了自己的家庭。在对父亲的照顾上，他先是自以为是地将照顾父亲的责任推给弟弟妹妹，接着又自以为是地不与妻子商量就要将父亲接到美国。然而，也正是这种自以为是，让他与弟弟妹妹之间矛盾不断，与妻子之间不断发生分歧，最终让自己的生活一团糟。

可以说，苏明哲这类人的问题就出在他们的自以为是上。而这种自以为是的特点，让他们在任何事情发生时，永远认为责任在他人，自己总是对的，不会反省。究竟是什么原因让此类人如此自以为是呢？那就是他们内在过强的优越感。

所谓优越感，就是显示蔑视或自负的性质或状态，是一种自我意识。这是大多数人都具有的一种感觉，只是程度不同。具有优越感的人，常常容易以高傲、固执、自我欣赏等不适当的方式表现出来。

一个人倘若有过高的优越感，就会不同程度地受到其行为、情绪的影响。心理学研究表明，倘若一个人意识到别人行为的可笑幼稚或愚蠢，那么他会由自身的这种优越感而获得自我奖赏。倘若一个人自身的优越感因为失败遭到挫折，他就会将自己遭到的这种挫折以某种情绪或行为、语言近乎专横粗暴地施加给他人。

然而优越感却如此普遍地存在于我们身上。它如同一个幽灵，在暗中驾驭着人们的情绪，在你不曾察觉的时候就出来影响你的人际关系。比如，你原来正和一个朋友聊着她找工作的种种不如意，结果对方突然变了脸色，不愿意和你聊下去了，并很快告辞离开。你或许还在莫名其妙，但殊不知，就在刚才，它在你未察觉时冒了出来，你在帮助对方分析找工作失利的原因时，让它显现了出来。

这正如约翰·华纳梅克所说："有些人不知道自己总是随身带着一把放大镜，当他们希望时，就用它来看别人的不完美。"无数事实证明，正是这种优越感让很多人不经意间忘记了自己身上同样存在着不完美，于是伤害了对方，做出了许多自以为聪明的事情。也是这种优越感，让我们在发现他人比自己优秀的时候，在看到他人的成功时，产生了妒忌之情，进而对他人产生厌恶感。这就是为什么我们作为旁观者，在自以为聪明地看到他人的愚蠢时，会不由得对其指手画脚，却在暗自认同内在的自我。

一个四海为家的流浪汉，无意中走进一座寺庙，看到了坐在莲花台上接受众人膜拜的菩萨，内心深感羡慕，于是忐忑地提出要和菩萨换一下的想法。没想到，菩萨一口答应了，但提出的条件是他不能开口说话。这有何难？流浪汉爽快地答应后就坐上了莲花台，开始了接受膜拜、俯视众生的生活。

最初的时候，他看着眼前来来往往的众生，听着他们五花八门的请求，尚能忍住，但时间一长，他有些忍不住了。

这天，一个富翁来到庙里拜求菩萨赐给他美德，不小心将钱包掉到了地上。富翁没注意到，起身离开了。流浪汉想开口叫他，但想到自己对菩萨的承诺，于是忍住了。随后，一个穷人来请求菩萨赐给他金钱，因为家人病重，急需用钱。在磕头的时候，他发现了地上的钱包，于是一面喊着"菩萨真显灵了"，一面拿起钱包离开了。流浪汉想叫住他，告诉他实情，但他又想起自己的承诺，赶紧闭上了嘴巴。之后，一个渔民在请求菩萨保佑他出海打鱼没风没浪，安全返回。当他起身要走时，前面的那个富翁赶了回来，并抓住他，认定他捡了自己的钱包。渔民平白受冤，当然不干，二人因此扭打起来。

流浪汉实在无法忍受下去了，张嘴大喊一声"住手"，将真相告诉了他们。在这场纠纷平息后，菩萨要求流浪汉离开，并告诉他：他自认为很公道，殊不知因为他自以为的公道，穷人失去了原本可以用来为家人治病的钱，富人没能用那笔钱修来美德，渔夫也因此没能避开海上的风浪，葬身在海底了。而倘若他不开口，穷人的家人会获救，富人用一点钱就能积德，渔夫则会因为被富人误会而无法出海捕鱼，从而躲过暴风雨，得以活命。听了菩萨的话，流浪汉哑口无言地离开了寺庙。

现实生活中存在太多这种自以为聪明的流浪汉，他们自以为是地做着判断，一厢情愿地认为自己的所作所为是对他人好，殊不知往往事与愿违。实际上，一切都是最好的安排。不如将生活中的每一件事当作我们看清事实的机会，试着对他人多一些了解，多一些换位思考，不去妄加评议，学会顺其自然。

很多人喜欢将资历挂在嘴上，常常自认为自己比他人看得多、经验丰富，于是想当然地对他人评头论足。实际上，真正有资历、有经验的人，从不炫耀自己，因为他们清楚人外有人，天外有天。人生在世，要低调做事，谦虚做人，学着大智若愚，避免让自以为是毁了自己的人生。

欲壑难填，惜福之人更有福

前段时间，我的母亲到我家中住了一段时间。在与母亲闲话家常时，听到最多的就是"人要惜福"。没错，人的确应该学会惜福。因为懂得惜福，才会珍惜自己拥有的一切，才能明白欲壑难填的道理，才能以良好的心态面对自己的欲望，不与他人盲目攀比，享受生活的美好。

姜正拜访过老同学路凯后，情绪一直很低落，经常对办公室里的人说："我们上高中时，他就是一个'学渣'，现在竟然比我牛，开着豪车不说，还住着花园洋房。"

不仅如此，他还常常抱怨自己工资低，家里的生活条件太差。工作之余，他对同事甲说："看看咱们这儿的办公条件，再看看人家的办公条件，没法比呀。人家竟然还有一间茶室，里面吃的、喝的都很齐全！"下班回家，他对妻子说："这个破公司，不但工资低，没外快，竟然连年终奖也不给……"

看到他这样，同事说："得了，你现在的收入在咱们公司已经算高的了，知足吧！"妻子说："咱们家现在有房有车，每月还能存下钱，够花了，知足吧！"

但姜正不这么想。结果他的这种情绪就这样滋生暗长，渐渐在他的工作和生活中流露出来。最先感觉到姜正的变化的是老板。老板发现，姜正最近工作不积极了，还时不时地提醒他，是不是可以考虑一下提高公司老员工的待遇。最让老板不开心的是，公司每个节日都为大家发福利，虽然不多，但都是公司的一点心意。但姜正不提这个，反复强调要将年终奖的问题提上日程。老板心想：我也想呀，但现在公司效益不好，用什么发年终奖？从此，他开始不那么喜欢姜正了，更别提像从前一样和姜正聊一聊家常，拉近关系了。

路凯也感觉到了姜正的变化。最初的时候，两人隔三岔五就见个面，路凯请姜正吃饭、喝茶，二人还一起打球、泡温泉，似乎有聊不完的知心话。但不知不觉间，路凯发现姜正的话里话外都透着酸溜溜的味道。比如，路凯出国玩一趟，姜正就说："有钱就是不一样，想出国就出国。"亲戚生病住院，路凯送去了点钱，姜正就说："还是钱多好办事儿。"时间一长，路凯也慢慢疏远了姜正。

实际上，姜正问题的根源就在于其内心的攀比心理。这种攀比心理让他不知足，不知道珍惜当下所拥有的。

作为一种不健康的心理，攀比心理会让人陷入无休止的攀比状态，在工作和生活中处处争强好胜，时时惦记着出人头地，唯恐自己在某些方面落后于他人。日子长了，人就会心理失衡，对他人产生嫉妒心理，进而降低自己的幸福指数，影响身心健康。

其实人类不快乐的最大原因也是欲望得不到满足，期望得不到实现。而姜正的攀比心理，让他的内心存在过高的欲望，所以对当下自己拥有的一切不满足，进而让自己生活在不快乐之中。这种不知足让他产生了严重的心理不平衡感，他又让这种不平衡感表现在了工作和生活中，进而影响了正常的人际关系。

在《道德经》里有这样一句话:"咎莫憯于欲得,祸莫大于不知足。故知足之足,常足。"意思是说,天下最大的罪过莫过于贪得无厌,最大的祸患莫过于不知足。倘若一个人不知道满足,不学会惜福,就永远也不会获得富足与满足。

地主卡扎拥有的土地比其兄长的略少,但这也足以让他成为当地的一个大地主。不过他总为自己的土地比哥哥的少而焦虑不已,每天都祈求上帝赐予他更多的土地和金钱。

或许是他的诚心感动了上帝,于是这天,上帝果真来到了他的面前,对他说:"看到你如此渴望土地,那么我决定赐予你土地。不过条件是,你尽自己所能向前跑,只要在日落之前能够再回到我的面前,那么你的双脚所踏之土地均为你所有。"卡扎高兴极了,撒腿就跑。开始的时候,他如同一匹发了疯的野马,疯狂地跑啊,跑啊,只希望跑得更远一些,那样他得到的土地就会更多一些。怀着这样的念头,他不停地跑着。眼看太阳就要落山了,他不得不往回跑。然而,他跑得太远了,最后力气用尽,实在跑不动了。他开始爬着走。当他好不容易爬回上帝面前时,却因劳累过度而死亡。于是,他原来拥有的土地和现在拼尽生命得到的土地都和他没有任何关系了。

地主卡扎原本可以守着自己的土地，过上无忧无虑的生活，却因为不知足而平添了烦恼，最后又死于自己的不知足。一个人不快乐并非因为其拥有的东西太少，而是因为其想要的东西太多。正是这种不知足将人心紧紧地套起来，直至越套越紧，让人丧失理智。

因此，人只有学会知足，才能惜福，内心才能变得强大，才能心存美好，才能在失败时看到自己与他人的差距，在成功时懂得感恩和回报，在幸运时保持冷静，在不幸时获得他人的慰藉。

美国作家梭罗在《瓦尔登湖》中写过这样一句话："人如果被纷繁复杂的生活所迷惑，不懂得知足、惜福，便会失去生活的方向和意义，内心便会充满焦虑。如果一个人能满足于基本的生活所需，便可以更从容、更充实地享受人生，享受内心的轻松和愉悦。"这句话道出了快乐人生的真谛——知足。

不妨将双眼从那些无足轻重的身外之物上移开，感受一下身边的美好，以知足、惜福的心态看一看周围的人和事，你就会发现无处不在的美好，就会感觉到自己的内心充满幸福和力量，进而在做事情的时候，找到快乐，放宽眼界，抓住成功的机会，享受人生的美好。

第七章

为什么你的孩子总是不听话

帕金森定律之教育法则

尊重他，他需要支持

日近黄昏，我写稿累了，发现家中冰箱里存货不多，于是决定去超市采购。我推着购物车，穿行在琳琅满目的货架中间，正找寻着自己要的食材，耳边突然传来一道稚嫩的声音："妈妈，我恋爱了。"我循声望去，竟然是一个小娃娃，四五岁的样子。他坐在购物车里，仰着头，满脸疑惑地看着那位年轻的妈妈。

我原以为这位妈妈会批评孩子，没想到，她竟然微笑起来，俯下身子问孩子："哦，你和谁恋爱了？"小家伙扫视了一下四周，我连忙假装认真地看着食品包装，却竖起耳朵，想听听他说什么。

"我没跟谁恋爱，就是感觉恋爱了。"

"那你恋爱的感觉是什么样的？"

"就是一种不舒服的感觉，但是又觉得很好。"

......

母子俩推着车越走越远，我却不由得笑了。真是一个可爱的孩子！真是一个懂得尊重孩子的家长！

这位家长让我想到了很多家长在面对孩子时习惯指指点点，全然忘记了"尊重"二字，从不在乎孩子的感受，将更多的关注点放在了孩子的言行和自己的面子上。却不知，只有尊重孩子的个性，才能成就孩子的人生。

安吉是我朋友的女儿，她聪明且极富个性。当然，她也让朋友伤透了脑筋。前段时间，安吉因为私自逃课（朋友为她报的钢琴班），遭到了朋友的严厉批评。于是这段时间，安吉和朋友之间开始了冷战。无奈之下，朋友求助于我，希望我可以与安吉聊聊，毕竟我是安吉最喜欢的阿姨。

我找了一个借口，请安吉帮我一个忙，然后为了表示感谢，请她吃我做的西点。聊起来后，安吉告诉我，在她爸妈的眼里，她就像不存在一样，任何事都是由他们说了算。她说，小的时候，妈妈总是强调要养成好的习惯，不允许剩饭，于是每次吃到最后，妈妈都会将汤倒进她的饭里，于是现在她看到汤泡饭就反胃。除此之外，她还非常怕听到"妈妈怕你冷"这几个字。为了让我明白，她解释说，从小到大，妈妈每天都怕她冷。开空调，妈妈说："冷，快穿衣！"下雨了，妈妈说："冷，快加衣！"安吉无奈地笑着摇头说："阿姨，实话说，我现在一看到我妈妈拿起衣服，耳边就是'冷，快穿衣！'其实我又不是无感的人，我知道冷暖。有时我不加衣，是我喜欢那种凉凉的感觉。"最后，安吉告诉我，她知道妈妈是心疼她、爱她，但她是一个独立的人，已经是初中生了，需要尊重。

听了安吉的话，我理解作为母亲的不易，也看到了做孩子的不易。这易与不易之间的问题关键就在于"尊重"二字。家长太忽视孩子的感受，以自己的感受代替孩子的感受，剥夺了孩子的权利，从而让他们产生了不被尊重感。

亮亮是外婆一手带大的。前段时间外婆病重，亮亮也无心学习。月考期间，外婆去世了，亮亮考试也没考好。办完外婆的丧事，全家沉浸在悲伤的气氛中。月考成绩下来了，看着那89分，亮亮知道妈妈必定会很生气。回到家，他小心翼翼地将卷子放在客厅的桌子上，在上面悄悄地压上了一本书，然后回到房间一边写作业，一边胆怯地听着外面的声音。

伴随着门的开关声，亮亮知道妈妈回来了，接下来一定会有一场风暴。果不其然，妈妈看到分数后勃然大怒，高喊着让亮亮出来。亮亮低着头走出来，站在妈妈旁边。妈妈将手中的卷子摔在桌上，冲着他大声说："89分？你就不能用用心？太不争气了！"随后，妈妈又是一阵训斥，直到亮亮哭了起来。妈妈继续说："你还有脸哭。"随后，她拿着亮亮的试卷进了卧室。亮亮追上去说："妈妈，要签字的。"妈妈头也不回地说："我不签，考得这么差，我没你这样的儿子！"亮亮伤心极了，感觉自己差极了，连妈妈都不愿意要这样的儿子。他伤心地哭着，一边向妈妈不停地道歉，一边保证自己以后一定会努力，会考高分。

亮亮妈妈面对孩子的分数，选择了忽视孩子的感受，否定孩子的价值，不给予孩子足够的尊重，其结果只能是让亮亮在遭受考得不好的小挫折的同时，又遭受了更多的挫折，从而让孩子在失望与伤心的同时，丧失自信心，失去自我价值感。

在现实生活中，相当多的父母忽视了对孩子的尊重，诚如派克在《少有人走的路》中所说："有的父母不尊重孩子独立的人格，只把子女当作自我的延伸。子女就像他们昂贵的衣服、漂亮的首饰、修剪齐整的草坪、擦拭一新的汽车，代表着他们的社会地位和生活水平。"其实，每个孩子从呱呱落地的那一刻起就是一个独立的个体，每一个个体都拥有自己的权利，而不是父母的附属品，都理应获得父母的尊重。一个孩子只有获得他人的尊重，才能获得自尊，从而再去尊重他人。而自尊和尊重他人是成为一个拥有健康人格的人的必备条件。

作为一切人际交往的基础，尊重是良好的亲子关系的基础。倘若父母不尊重孩子，就不会用平等的态度对待孩子，更不会将其看作独立的个体。这也是为什么很多家长在与孩子说话的时候，会随意地打断孩子的倾诉，粗暴地命令孩子"闭嘴"。殊不知，等到孩子渐渐长大，他们的自主意识会逐渐增强，这种缺乏尊重的亲子关系会让孩子更加叛逆，进而不自尊，也不尊重他人。

当然了，要注意的是，尊重并不代表无视孩子的不良个性，而是要在尊重的基础上，帮助孩子改正不良个性，形成良好的性格。

俞敏洪的儿子特别喜欢吃冰激凌，但因为吃得太多，将牙齿都吃坏了。俞敏洪决定限制儿子吃冰激凌的数量，于是规定他一天只能吃一个冰激凌，而且必须在吃完晚饭半小时以后才能吃。当时他的儿子才四岁多，不清楚何为半小时，于是俞敏洪告诉他，时钟里那根长的针走到什么地方就是半个小时。于是他的儿子一会儿就看一下那个钟，在短短的半小时内看了一百多次，最终在半小时的时间到后，迫不及待地吃起了冰激凌。第二天时，孩子看时间的次数就变成了十几次。第三天又变成看两三次。到第四天时，孩子意识到半小时不是一时半会儿，于是干脆先去玩了。结果等他想起来吃的时候，半小时已经过去了。

那么，父母应该怎样给予孩子尊重呢？借助诗人纪伯伦的诗句，让我们明确尊重的原则：

你的儿女，其实不是你的儿女。

他们是生命对于自身渴望而诞生的孩子。

他们借助你来到这世界，却非因你而来，

他们在你身旁，却并不属于你。

你可以给予他们的是你的爱，却不是你的想法，因为他们有自己的思想。

你可以庇护的是他们的身体，却不是他们的灵魂，

因为他们的灵魂属于明天，属于你做梦也无法到达的明天，

你可以拼尽全力，变得像他们一样，

却不要让他们变得和你一样，

因为生命不会后退，也不在过去停留。

你是弓，儿女是从你那里射出的箭。

弓箭手望着未来之路上的箭靶，

他用尽力气将你拉开，使他的箭射得又快又远。

怀着快乐的心情，在弓箭手的手中弯曲吧，

因为他爱一路飞翔的箭，也爱无比稳定的弓。

要成就孩子健康的人格，父母就要认识到无论多小的孩子都是一个有着独立人格的个体，都应得到尊重。

正确沟通，塑造独立人格

　　相当多的家长存在这样的认知：孩子是我亲生的，所以我对孩子的爱，无须多言，孩子应该可以感受到。不过，家长们忽略了一个问题：孩子的世界与大人的世界完全不一样，双方对同一件事、相同的情绪的感受也不一样。因此，父母的良苦用心，孩子未必理解；而父母的爱，孩子也未必全懂。

　　芮是我的邻居，她有一个儿子琦琦。琦琦相当聪明，也颇让芮无奈。自从孩子上了小学，芮每次与我聊天，话题总离不开琦琦，她不断地感叹孩子难教育，不知道什么时候是个头。或许是人在局外吧，在我看来，琦琦相对于同龄的孩子，已经算比较懂事的了。然而，芮却不这么认为。

晚饭后出门遛弯，我又遇到了芮带着琦琦散步，看那样子，说是"带着"，不如称之为"押着"。于琦琦而言，与其散步，不如与小伙伴在小区里疯玩一阵子。但妈妈芮却忧心于琦琦的体重，坚持要求小家伙和自己一起散步。我看着琦琦别扭地走在妈妈身边，不时东张西望，用羡慕的小眼神看着身边打闹着跑过的小伙伴，而妈妈芮则不时严厉地说："看什么看，琦琦，抓紧走，回家还要写作业、学英语呢。"琦琦小脸一沉，不得不紧走了几步。

望着母子二人那不太协调的散步身影，我内心不由得产生了一种悲悯之情：我悲的是芮的爱，琦琦不能明白；悯的是琦琦眼神中的渴望，芮不能理解。在现实的家庭中，如同芮和琦这样的母子，又有多少呢？

相当多的家长意识到了孩子学习的重要、习惯养成的重要，但却忽视了沟通的重要。在他们看来，孩子嘛，他们懂什么，与其和他们废话，不如严厉些，等他们长大了就懂了。于是亲子之间除了学习和生活需要，什么也不说，孩子的心思全靠家长去猜。结果就是家长想让孩子向东，孩子却向西，双方想法大相径庭，结果既违背了父母的初衷，也不符合孩子的预期。

事实上，亲子之间的沟通和成人之间的沟通同样重要。家长之所以忽视与孩子之间的沟通，就是因为没能将孩子放在平等的位置上，忽视了他们也是人，也有自己的思想感情和独立的人格，理应与父母处于平等地位。

美国心理学家艾里克森将人格发展划分为八个阶段，并指出每一阶段是个体形成何种心理品质的重要时期，个体良好的心理品质的形成与这一阶段的教育密切相关，任何阶段的教育失误，均会给一个人的终身发展造成障碍。其中，3—5岁、6—12岁是孩子主动探究意识、信心品质形成的重要阶段。倘若在这两个重要阶段忽视了对孩子探究意识的鼓励，那么他们就会失去信心，在成人后缺乏自己开创幸福生活的主动性；相反，倘若在这两个阶段孩子的探究意识获得了较好的鼓励和培养，那么他们就会在今后的独立生活中和承担工作任务时充满信心。

然而，并非家长强制，孩子就能形成探究意识。强制的教育仅能让孩子表面服从，让家长收获自己的意志在孩子身上体现的快感，却对培养孩子的主动性和自信心无益，甚至会造成孩子的自卑心理，进而在长大后，孩子可能会缺乏独立思考的精神。

　　C是一位程序员，工作虽然辛苦，但收入很高。他工作已七八年了，也到了谈婚论嫁的年龄，但谈了几个女友，皆无疾而终。父母很着急，尤其是他的妈妈，见到大家的首要事情就是求着帮C介绍女朋友。邻里之间，低头不见抬头见，但我极少见到C，除了因为他工作忙、常加班，最主要的是因为他几乎不出门，就算是偶尔见到，他也极少主动与大家打招呼，更不与人对视，只是笑一笑。在我看来，C就是一个内向、腼腆且略自卑的男孩。我不清楚他在单位是怎样的状态，但从其日常表现来看，他应该是一个服从命令的好员工。

　　一次，芮又因为琦琦没能按时完成作业大发雷霆。我劝她好好和琦琦聊一聊，弄清楚孩子完不成作业的真正原因，才好对症下药。C的妈妈从一旁经过，说："管孩子就得严些，正所谓'三天不打，上房揭瓦'，当妈的得狠下心来，和他有什么好谈的。"她还骄傲地说："我们家C，打小我就没惯着他，不完成作业那哪行，该收拾就收拾。这不，长大了我就省心了。"这一刻，我明白了为什么C在与人相处时会有这种表现，其根源就在于他妈妈严厉而不沟通的家庭教育方式。

其实，如同我们成人渴望得到他人的理解，希望在遇到事情的时候与人沟通一样，孩子同样需要沟通与理解。然而就如《小王子》中写的那样："每一个大人都曾经是个孩子，只是我们忘记了。"正是因为忘记了，我们在孩子的成长过程中，更多地用说教取代了沟通，用强制代替了理解。殊不知，倘若父母能用平等的眼光与孩子交流，将他们当作朋友，在充分尊重其各项权利，给予其应有的自由的同时，与孩子就双方无法达成一致的问题进行交流，而不是高高在上地下命令，甚至采用极端的方式让孩子屈从、让步，那些令家长头痛的完不成作业、不听话等现象就会消失。那么亲子之间如何沟通，才利于孩子良好品质的形成呢？

第一，父母要重视孩子的心理需求，尽可能用肯定、赞扬和鼓励的方式对孩子的言行进行积极评价，而不是粗暴地呵斥、打骂。当父母用打骂的方式与孩子沟通时，孩子是无法理解父母的，他们或是沉默反抗，或是用更激烈的方式与父母抗争，甚至会变得叛逆，继续其不良行为。无论是哪一种方式，均不利于孩子良好品格的培养。

第二，要明确双方的行为准则。明确的行为准则可以让孩子知道哪些行为是被允许的，哪些行为是不被允许的。为此，父母要与孩子共同讨论，并解释清楚允许或不允许某种行为的原因，让孩子愿意接受，并内化为自己的行为准则。

要注意的是，对于双方已经确定的行为准则，家长不能依个人喜好或心情而随意变动，同样的事情无论何时均要遵循共同的行为标准，即处理同样的事情要用相同的标准。同时，家长要求孩子做到的事情，自己不但要做到，而且要将其记在心上，自己一旦忘记，那么久而久之，行为准则在孩子的心中就没有效力了。

第三，沟通要贯彻到生活的每一个细节中。孩子对家长与生俱来的依恋会让他们在内心深处渴望家长的关注。因此，家长要注意在平时敞开自己的心扉，随时与孩子沟通，而不是在遇到事情时再与孩子沟通，避免让孩子认为沟通就是说教，就是自己犯了错或出了问题。不妨将沟通变为亲子相处的一部分，运用动作或表情等非言语行为，增加沟通时的亲近感，以促进沟通效果的提升。

第四，要学会倾听。很多家长愿意对孩子讲道理，这一方面是源于家长的个性，另一方面也源于家长没能将孩子放在平等的地位。因此，在沟通时，家长要将话语权还给孩子，多听听孩子的倾诉，给予孩子关注、尊重和时间，这能更好地了解孩子的所思所想，进而平复孩子的情绪，找到问题的症结，让孩子获得心理支持，发自内心地将父母看作可以倾吐心事的朋友。

第五，要分析而不是指责。家长要认识到，孩子正处在成长过程中，他们身上出现这样或那样的问题都是再正常不过的现象。因此，遇到问题时，要注意沟通的语气，一定要和孩子一起分析问题，而不是指责孩子。只有这样，孩子才能感觉到来自家长的是支持而不是压力，进而主动寻找问题产生的原因。在分析过程中，家长要注意对孩子思路的引导，指导要适当，不能喧宾夺主，要将解决问题的主动权还给孩子。

当然了，沟通的方式也要因人而异，一方面要根据家长的个性、孩子的性格而定，另一方面要依当时的情境和问题的性质而定。想让沟通成为连接家长与孩子内心世界的桥梁，家长在把握以上原则的基础上，要让沟通成为一种日常。

让他摆脱不属于自己的期待

多年前，我还在一家图书公司工作时，公司老板S女士那种雷厉风行的做事风格、敏捷的思维和做事的干练程度，让我们一群女编辑深为佩服的同时，也不由得想：老板就是老板。S女士不但将公司经营得风生水起，而且在家庭中更是绝对的权威。S女士有一双儿女，我没见过，但据说相当聪明。或许正是为了这双儿女，后来S女士举家移民去了加拿大。

前两天，我和前同事在QQ上聊天，获悉了S女士的近况。原来，S女士一家四口移民去加拿大后，两个孩子理所当然地要在当地上大学。S女士和丈夫在分析了各项资料、就业形势、社会发展现状及趋势后，为儿子选定了精算师的职业，为女儿选择了会计职业，并以此确定了两个孩子的求学之路和人生轨迹。夫妻二人原本以为明确了目标后，两个如此优秀的孩子必定会不负所望。其间，尽管两个孩子在读高中时出现了一些问题，但夫妻二人联手，总算有惊无险地将问题解决了。可让他们没想到的是，两个孩子上大学后，真正的"噩梦"才开始……

作为长子的儿子或许是因为被定位为精算师，做事的确相当细致，总是提前做好自己的开销预算，要求父母一次性汇到他的银行卡上。S女士起初不放心，但儿子说要么相信他，要么跟他到大学去。无奈之下，她选择了前者。结果大二刚开学，夫妻二人就收到了学校催缴学费的通知，他们这才知道汇给儿子的学费被他挪用了。当他们质问儿子时，儿子向夫妻二人摊牌，声称自己坚决不做精算师，只想从事自己感兴趣的工作——海洋生物研究。其实对于儿子的这个爱好，夫妻二人一直清楚，但他们觉得，做这种没"钱途"的工作，将来怎么过好生活呢？

原以为儿子给的打击已经够多了，没想到来自女儿的打击来得也是如此之快。S女士的女儿从小喜欢画画，尤其喜欢看漫画、画漫画。可自从父母为她做好职业规划后，她的学习变得格外繁忙起来。伴随学习任务的加重，夫妻二人发现，女儿回家后话越来越少，甚至有时都不理他们。终于有一天，S女士无意中听到女儿和闺蜜打电话，才知道女儿根本不想做会计，只想做一个漫画家，将头脑中那些奇妙的故事绘成图片。

　　我不知道S女士最后会如何解决两个孩子的问题，但我却多少明白了他们夫妻二人与两个孩子之间的矛盾所在，那就是他们以家长的独断，剥夺了孩子的自主权。

　　现在，每每看着许多孩子在家长的陪伴下上各种培训班，我就不禁想，这是孩子自己的选择或兴趣所在，还是家长的一厢情愿？现在，很多父母鉴于社会环境的变化、社会竞争的压力，早早替孩子规划好了人生，以便让孩子能赢在起跑线上。他们除了给孩子灌输各种知识，还为孩子定下诸多发展计划，督促孩子努力奋斗。在他们的这种望子成龙、望女成凤的心理作用下，孩子成为他们希望的载体，成为他们实现个人梦想的工具，丝毫没有自主权。结果当孩子一天天长大，忍受着被强加的希望而不是发自内心的意愿的煎熬，或是在沉默中爆发，或是在默默承受中变得痛苦。纵然有一些孩子在父母为其规划好的这条路上走了下去，但一路走来，是幸福还是痛苦，除了他们自己，别人并不清楚。

我特别喜欢美国电影《天才少女》。影片中天才女孩玛丽的妈妈戴安娜就是一个被母亲剥夺了自主权的数学天才。戴安娜的数学天分让她的母亲一早就为其确定了专注于数学研究的人生之路。在母亲的独断专行的教育中，戴安娜没能享受到正常孩子理应获得的生活乐趣。有一次，她公然违背母亲的命令，私自与男孩共度周末，最终被母亲采取非常手段——状告男孩拐卖少女——强行制止了。母亲包办了她的一切，甚至包括她的感情生活。在这种环境中长大的戴安娜极度压抑，最终在完成自己的数学研究后选择以自杀的方式获得了解脱。

每每看完这部电影，我都会想到那些以爱的名义剥夺孩子自主权的父母，也会想到那些尽管走着父母为其选择的人生之路，却找不到生活或工作的激情的孩子，他们的内心深处是不是也有着与戴安娜一样的无法言说的痛苦？

当下几乎所有的父母都坚定地认为"孩子不教育是无法成才的"，我也承认教育对于孩子非常重要，但从事教育工作多年的我认为，教育的本质是唤醒，是一棵树摇动另一棵树，是一朵云带动另一朵云，而不是如狂风强行吹散云朵，吹折小树。倘若家长忘记了孩子是一个独立的个体，忘记了他们有自己的兴趣和爱好，以自己的意愿取代孩子的意愿，或许孩子在家长强势的压力下最终会屈服，会默默接受，但长此以往，会对孩子造成无法挽回的伤害，甚至可能出现戴安娜这样的悲剧。这样的做法，于孩子而言，与其说是教育，不如说是折磨。

一位机轮船船长因驾船技术一流，被称为"船王"。他有一个独生子，在这个孩子的身上，船长寄托了自己的全部期望。他希望孩子子承父业，也能掌握高超的驾船技术。为此，他不但让儿子学习驾船技术，而且当儿子成年后，还给他买了一条船，让其独自驾船出海。他坚信自己亲手培养的孩子必定可以安全返航。然而不幸的是，他的儿子却死于台风。

船长特别伤心，不相信学习了自己全部技术的儿子会如此轻易地在浅海区丧生。一位老渔民问他是否在手把手地教儿子技术的同时，询问过儿子的需求？是否孩子在学习的过程中，放手让他自己开过船？结果，得到的答案都是否定的。于是老渔民叹口气，告诉船长，正是由于这种为父亲而学、纸上谈兵的学习，让他的儿子丧了命。

　　人生是由一连串的旅程构成的，这其中既有不同方式的学习，也面临着多种多样的选择。作为父母，我们所看到的和经历的并非世界的全貌、人生的全部，又怎么能自以为是地认为我们的选择于孩子而言就是最好的呢？因此，聪明的家长，不妨放下你的独断，认清自己孩子的长处与短处，尊重孩子的喜好和选择，将自主权还给孩子，或许孩子的选择在你看来不尽如人意，但于孩子而言，他们已经享受到了人生的幸福与快乐。

播种习惯，成就他的一生

心理学家威廉·詹姆士说："播下一种思想，收获一种行为；播下一种行为，收获一种习惯；播下一种习惯，收获一种性格；播下一种性格，收获一种命运。"的确，良好的习惯对于孩子的成长非常重要。

无意中与儿时的伙伴联系上后，我和先生利用假期前去看望她。看着朋友窗明几净、温馨怡人的家，我不由得感叹她真是个理家能手。晚上休息时，朋友安排我们住在她女儿的房间。我颇为不安地担心这会影响次日孩子上学，朋友拍拍我的手，让我心安，说孩子自己会安排好一切。

果不其然，清晨六点，我就听到睡在客厅的小姑娘蹑手蹑脚起床的声音。差不多十分钟后，房门轻响了一下，随后一切归于沉寂。我来到客厅，惊讶地看着收拾得如此干净的沙发，倘若不是知道孩子昨夜睡的沙发，我绝不会想到有人在沙发上睡过。沙发的一角整齐地放着叠好的睡衣睡裤。

朋友夫妻二人管理着一家饭店，每天都要很晚才能回家，因此起床也比较晚。我从聊天中获悉，朋友的女儿相当自立，无论是在学习中还是在生活中，都相当自律。因为我看到孩子的房间里书本放得极其规整，床上也收拾得相当整洁。

我不由得追问朋友，是如何将孩子培养得这么自立的。朋友笑说由于自己工作忙，不能事事替孩子做，一些事情自然得她自己做。所以，她从小就训练孩子养成良好的生活习惯。孩子上学后，因为她不能像其他家长那样陪孩子学习，就和孩子约定，让孩子养成良好的学习习惯——放学后先完成作业，然后再做自己喜欢的事情。

尽管朋友一再说孩子的学习成绩不好，但我相信，这个孩子将来肯定不会太差，因为好习惯会陪伴她一生。

好的习惯是一种巨大的财富，是成就孩子一生的秘密武器。实际上，人生的成败并非仅由智商或运气决定，在很多时候，一个好的习惯可以为人带来莫大的好处。因此，美国作家杰克·霍吉说："给予行动者动力的，同时也是阻碍空想家进步的，那都是同样一件事物——习惯！"

亚里士多德有一句名言："重复的行为造就了我们。因此，卓越不是一种举动，而是一种习惯。"习惯是在长期不断重复中养成的。而要了解如何让孩子养成良好的习惯，首先要明白习惯养成背后的心理学原理。

习惯是指个体在特定情境下自觉主动地从事某些活动的特殊倾向，是一种后天获得的趋于稳定的动力定型。因为一定的刺激情景和个体的某些动作，它在大脑皮层上形成了稳固的暂时神经联系——条件反射。当个体处于相同的刺激时，条件反射链索系统就会自动出现，于是个体就会自然或自动地做相同的动作。

由此可见，要养成某种习惯，需要外界因素的帮助。心理学研究表明，在习惯养成的过程中，个体自身的渴求和个体承受的压力是重要的因素。

首先来看个体自身的渴求。当个体要养成一个习惯时，大脑会产生潜意识的渴求，且让习惯回路运转起来。比如，要让孩子养成早起的习惯，这就代表着孩子在每天清晨的某一时间（早于此前的起床时间）起床，就可以获得某项奖励，比如白天可以玩一会儿游戏等。于是，孩子一想到自己达成了某项目标，就可以获得渴望的奖励，就会产生动力。最终，孩子会在这种渴望的驱使下自觉早起。

再来说压力如何促成习惯养成。美国加利福尼亚大学洛杉矶分校和杜克大学的研究者通过实验发现，压力会使人们更加依赖惯性行为。这说明，无论好坏，压力都会促进习惯性行为。比如孩子每天放学后写作业这件事，如果不写，孩子清楚会受到老师或家长的处罚，因此大多数孩子会自觉完成作业。于是每天放学后写作业这一习惯很容易就养成了。

明确了习惯养成的因素，也清楚了可以借助于渴求和压力帮助孩子养成习惯。那么，孩子从小养成什么习惯最为重要呢？

一是礼貌的习惯。无论是幼时还是成年，有礼貌的人相对更受人欢迎。这样的孩子成年后会在交流沟通时让人看到自己的修养，进而提升他人的好感度，增加其个性魅力。

二是独立有主见的习惯。孩子终会走上社会，独自面对工作和生活中的一切，而学会独立思考可以让他们较好地适应社会，更自信地面对生活。

三是运动和读书的习惯。无论从事何种工作，健康的身体于人而言都是相当重要的。培养孩子的运动习惯可以强健孩子的体魄，锤炼孩子的意志，培养孩子的规则意识、互相协作能力、良性竞争品质等。一个人如果仅有强健的体魄，只是一个蛮夫，而要提升其他方面的能力还要不断地学习。阅读可以提升人的修养，开拓人的视野。正所谓"读万卷书，行万里路"，这恰恰说明了阅读的重要性。我们不可能带孩子走遍天下的路，但孩子可以借阅读了解不同的人和事，认识大千世界，了解人生百态。

培养孩子养成良好的习惯是一个重复的过程，也是对孩子和家长毅力的考验，更是对家长智慧的考验。因此，家长在培养孩子良好习惯的过程中，要给孩子时间，学会科学引导，静待花开，及时鼓励，适当地施肥浇水。